湖南省现代农业产业（茶叶）技术体系丛书

U0690858

# 茶树良种与栽培

李赛君 ◎ 主编

中国农业出版社

北 京

# 序

茶树起源于我国西南地区，后传播于世界60多个国家和地区，是中国、印度、斯里兰卡、肯尼亚等国家重要的经济作物。2018年，全球茶园面积约488万hm²，年产量约589.7万t；中国茶园面积303.0万hm²，年产量261.6万t，均排名世界第一；湖南茶园面积17.6万hm²，年产量21.4万t，分别排全国第八、第五位，茶产业成为茶区农民脱贫致富的支柱产业。

"好茶是种出来的"，茶树品种和茶树种植是决定茶叶品质的两个重要因素。茶树品种是茶叶生产最基本、最重要的生产资料，茶树良种对提高茶叶产量和品质、提高劳动生产率、增强抗逆性都有着十分显著的作用；茶树种植方法、茶园生态环境、栽培条件、耕作制度和采摘标准等因素都会影响茶叶品质。同时，茶树品种的生存、生长离不开气候、土壤、农药、化肥及自然灾害等外界条件的影响。研究和了解茶树品种特性、茶园生态条件、茶树栽培技术等对茶叶品质的影响，制订配套生产技术，可以充分发挥优良品种特性。

良种是基础，良法是保障。目前，我国茶产业处于高速发展时期，按照增产增效并重、良种良法配套、农机农艺结合、生产生态协调的原则，加大茶树良种和栽培技术的集成与示范推广，提高茶园耕作管理机械化程度，保障茶叶生产向"优质、高效、生态、安全"方向发展，尤显迫切。

我国在茶树良种选育、茶树生物学、茶树生长发育规律、茶树生态生理和茶园土壤管理等方面开展了大量研究并取得了较大发展。全国各产茶区通过大力推广和运用茶树良种、深耕肥土、树冠培养、配方施肥、种苗快繁和机耕机采等科学种茶技术措施，提高了茶叶生产现代化水平。

李赛君研究员是湖南省现代农业产业（茶叶）技术体系岗位专家，在茶树品种选育和茶树栽培方面积累了丰富的实践经验，形成了系统的理论。本书围绕茶产业发展需求，从良种、良园、良法和良机等方面，集成和系统地阐述了茶树良种与优质高效栽培技术。内容专业实用，图文并茂，通俗易懂，适于指导现代茶叶生产和科研实践，也可作为茶叶技术培训教材。

该书的出版不但对现代茶叶生产和科研实践有着很强的指导作用，还彰显了现代农业产业技术体系为现代农业和社会主义新农村建设提供的强大科技支撑。


中国工程院院士

刘仲华

2020年4月

# 前 言

我国茶树栽培历史悠久，共有20个省份栽培（种植）茶树，2018年全国茶园面积达到303.0万hm²，产量达到261.6万t，世界排名第一。茶树已成为我国重要的经济作物，茶产业也成为茶区农民脱贫致富的支柱产业。

茶树品种是茶叶生产重要的基础，茶树品种的生存离不开外界条件的影响，如气候、土壤、农药、化肥、修剪、采摘及自然灾害等；茶叶品质受品种、树龄、树势、生态环境、栽培条件和采摘标准等因素的影响。因此，人们通过应用土壤学、农业化学、农业气象学、植物生理学等专业基础知识，研究茶树品种的生长发育规律、生态条件及高产优质、高效栽培技术，并制订科学综合的农业技术措施，不仅可以充分发挥茶树品种的特性，而且可以达到高产优质的目的。

本书从茶树良种和种苗繁育，茶园环境和茶园建设，树体管理和鲜叶采摘，茶园耕作机械和树体管理机械等方面，对茶叶生产链中栽培环节的良种、良园、良法和良机进行了系统介绍。全书共分四章，其中第一章、第二章、第三章由李赛君编写（第一章第三节"种苗繁育"中部分内容由康彦凯编写），第四章由康彦凯、向芬编写，罗意负责全书文字校对，雷雨负责文献查阅、校订。全书彩图绝大多数为编者在生产和科研实践中拍摄。

本书的编写得到了湖南省农业农村厅、湖南省科学技术厅、湖南省农业科学院等单位的大力支持，许多业内专家也曾给予诸多指导，在此深表谢意！本书还得到了湖南省农业农村厅"湖南省现代农业产业（茶叶）技术体系专项"和湖南省科学技术厅"湖南特异茶树资源评价利用与茶类品种优化示范"项目资助，在此一并致谢！

本书内容专业、实用，通俗易懂，适于生产一线的从业人员阅读和使用，也可作为茶叶技术培训教材。由于编者水平有限，疏漏之处在所难免，敬请读者、同行专家批评指正。

编　者

2020 年 4 月

# 目 录

序

前 言

**第一章 良 种**

**第二章 良 园**

**第四章 良 机**

**主要参考文献**

# 绪

# 论

# 第一节
# 世界茶叶产区

## 一、世界茶区分布

茶树经人工栽培后，适应范围已远远超过原始生长地区。目前，世界茶树分布区域界线，北从北纬49°的外喀尔巴阡，南至南纬22°的纳塔尔，垂直分布从低于海平面到海拔 2 300m（印度尼西亚爪哇岛）范围内，且以北纬6°～32°茶树种植最为集中，产茶量亦最大。世界种茶国家有60个，其中亚洲20个、非洲20个、美洲12个、大洋洲3个、欧洲5个（表0-1）。

表0-1 世界产茶国家

| 洲别 | 国家数 | 国　　家 |
|---|---|---|
| 亚洲 | 20 | 中国、印度、斯里兰卡、孟加拉国、印度尼西亚、日本、土耳其、伊朗、马来西亚、越南、老挝、柬埔寨、泰国、缅甸、巴基斯坦、尼泊尔、菲律宾、韩国、阿富汗、朝鲜 |
| 非洲 | 20 | 肯尼亚、马拉维、乌干达、莫桑比克、坦桑尼亚、刚果（布）、毛里求斯、罗得西亚、卢旺达、喀麦隆、布隆迪、刚果（金）、南非、埃塞俄比亚、马里、几内亚、摩洛哥、阿尔及利亚、津巴布韦、埃及 |
| 美洲 | 12 | 阿根廷、巴西、秘鲁、墨西哥、玻利维亚、哥伦比亚、危地马拉、厄瓜多尔、巴拉圭、圭亚那、牙买加、美国 |
| 大洋洲 | 3 | 巴布亚—新几内亚、斐济、澳大利亚 |
| 欧洲 | 5 | 葡萄牙（亚速尔群岛）、俄罗斯、格鲁吉亚、阿塞拜疆、乌克兰 |

注：资料来源于《茶树栽培学》（第五版），中国农业出版社。

## 二、世界主要产茶国

### （一）印度

印度现有茶园面积57.80万hm²，年产茶叶120.60万t，是世界主要产茶国之一，建有茶叶专业试验站——托克莱茶叶试验站。1780年，英国东印度公司商人从中国引进茶籽到印度试种，分别播于加尔各答和不丹，为印度第一次种植茶树，因种植不当而未成功。1834年，又派人到中国学习，并购买茶籽、种苗，招募制茶工人。从此，中国的种茶和制茶技术传到印度。到1900年前后，全国茶区基本形成。印度有22个邦产茶，主要分为北印度和南印度两大茶区。北印度主要产茶邦是阿萨姆和西孟加拉（大吉岭属此茶区），南印度主要产茶邦是喀拉拉、泰米尔纳杜。印度茶园大部分采用无性繁殖，茶树种植规格较统一，并间种合欢、金藤等树种作遮阴树。茶园管理采用除草剂、增施肥料、补充锌肥等措施，严格按标准采摘芽叶。

### （二）斯里兰卡

斯里兰卡现有茶园面积19.78万hm²，年产茶叶30.95万t，是世界上优质红茶的重要产区。1824年，首次由荷兰人从中国引进茶籽试种。1839年，又从印度阿萨姆引种种植。1870—1875年，因咖啡爆发叶锈病全部改种茶树，并雇佣印度移民垦殖新茶园。1930年前后，茶叶生产迅速发展，成为世界茶叶生产与出口的主要国家之一。斯里兰卡有6个省11个区产茶，主要产区是康提、纳佛拉、爱里、巴杜拉和拉脱那浦拉。在圣科姆设有全国性的茶叶研究所。茶区依海拔高度将茶园分为高地（1 200m以上）、中地（600～1 200m）和低地（600m以下）3个类型，其中高地茶园所产茶叶品质最佳。斯里兰卡大力推广茶树良种，注重优化茶园管理，测土配方施肥，严格控制采摘标准，提高茶园整体质量。

### （三）土耳其

土耳其现有茶园面积7.72万hm²，年产茶叶25.57万t，是世界第五大产茶国，主产红茶，有专门的茶叶协会负责管理。1924年，土耳其首次从格鲁吉亚引进茶种，成功在黑海东部区域种植成功。如今，土耳其绝大部分的茶园都分布在黑海东部的里泽、特拉布宗、阿尔特温等5个省份。里泽地区光照长、雨量充沛，茶叶采摘期长，采摘方式主要为半机械半手工采摘，茶叶生产季是每年的5～10月。

栽培措施、茶叶生产方式及茶资源利用程度等的不同，直接影响茶园单位面积的产量。世界上茶叶生产前9位产茶国平均单产以土耳其最高，达3 314kg/hm²（表0-2）。

表0-2 世界茶叶生产前9位产茶国近3年基本情况（2015—2017年）

| 序号 | 国 家 | 总面积（万hm²） | 总产量（万t） | 平均单产（kg/hm²） |
|---|---|---|---|---|
| 1 | 中国 | 291.77 | 242.10 | 830 |
| 2 | 印度 | 57.80 | 120.60 | 2 190 |
| 3 | 斯里兰卡 | 19.78 | 30.95 | 1 565 |
| 4 | 肯尼亚 | 22.02 | 43.74 | 1 986 |
| 5 | 土耳其 | 7.72 | 25.57 | 3 314 |
| 6 | 越南 | 13.40 | 17.50 | 1 306 |
| 7 | 印度尼西亚 | 11.62 | 13.45 | 1 158 |
| 8 | 阿根廷 | 4.08 | 8.27 | 2 020 |
| 9 | 日本 | 4.16 | 7.74 | 1 861 |

注：1. 资料来源于刘仲华院士在2019年中国茶叶学会年会上的报告；2. 中国茶园面积为可采面积。

# 第二节
# 中国茶叶产区

## 一、中国历史茶区分布

我国是世界上最早发现和利用茶树的国家。我国茶树栽培历史悠久，距今已有3 000多年，是世界上最古老的茶叶生产国。东晋常璩的《华阳国志》记载，周武王在公元前1066年联合当时居住四川、贵州和云南等地部落共同伐纣，将巴蜀一带所产茶叶作为贡品，并记有"园有芳蒻、香茗"，这清楚地表明在周代以前，巴蜀一带已有人工进行茶树栽培。秦汉到南北朝时期，是茶树栽培在巴蜀地区发展，并向长江中下游扩展的阶段。西汉时期，茶树栽培区域亦逐渐扩大。《四川通志》载："名山县之西十五里有蒙山，其山五顶，形如莲花五瓣，其中顶最高，名曰上清峰，至顶上略开一坪，有一丈二尺①，横二丈余，即种'仙茶'之处。"这说明

———————————

① 丈、尺均为非法定计量单位，1丈≈3.3m，1尺≈0.33m，下同。

西汉时期已在蒙山人工种植茶树。据陆羽《茶经》记载，1 200多年前我国栽培茶树已分8个区域：山南茶区，"以峡州上，襄州、荆州次，衡州下，金州、梁州又下"；淮南茶区，"以光州上，义阳郡、舒州次，寿州下，蕲州、黄州又下"；浙西茶区，"以湖州上，常州次，宣州、杭州、睦州、歙州下，润州、苏州又下"；剑南茶区，"以彭州上，绵州、蜀州次，邛州次，雅州、泸州下，眉州、汉州又下"；浙东茶区，"以越州上，明州、婺州次，台州下"；黔中茶区，"生思州、播州、费州、夷州"；江南茶区，"生鄂州、袁州、吉州"；岭南茶区，"生福州、建州、韶州、象州"。

## 二、中国现代茶区分布

中华人民共和国成立后，根据多年的研究和实践，专家学者将全国划分为三级茶区：一级茶区划分为四大茶区，由国家根据区域进行宏观指导；二级茶区由各产茶省份自行划分，以利调控和领导，如湖南省规划建设的U形优质绿茶带、雪峰山脉优质黑茶带、环洞庭湖优质黄茶带和湘南优质红茶带，涵盖了湖南的37个主产茶县（市）；三级茶区由地（市）划分，直接指挥茶叶生产。这样的划分，既考虑了国家发展生产的总方针，综合了自然条件和经济、社会条件，又注意了行政区域的划分和具体产茶地的差异。

1982年，全国茶叶区划研究协作组依据地域差异、产茶历史、品种分布、茶类结构、生产特点，将全国茶区划分为四大茶区，即华南茶区、西南茶区、江南茶区和江北茶区。江南茶区在长江以南，大樟溪、雁石溪、梅江、连江以北，包括广东和广西北部，福建中北部，安徽、江苏和湖北南部，以及湖南、江西和浙江等省，是我国茶叶的主产区。

江南茶区基本上属于中亚热带季风气候，南部为南亚热带季风气候。气候特点是春温、夏热、秋爽、冬寒，四季分明；年平均气温在15.5℃以上，南部可达18℃左右，1月平均气温3.0～8.0℃，北部往往因寒潮南下使温度剧降，部分地区可达−5℃，有的年份甚至下降至−8～−16℃。7月平均气温27～29℃，极端最高气温有时可达40℃以上，部分地区因夏秋日高温，会发生伏旱或秋旱。全年无霜期230～280d，茶树生长期225～270d，年活动积温4 800～6 000℃。年降水量1 000～1 400mm，以春季降水量最多，秋冬季较少。江南茶区宜茶土壤基本上是红壤，部分为黄壤或黄棕壤，还有部分黄褐土、紫色土、山地棕壤和冲积土等，

pH5.0～5.5。浙江、安徽南部、江西、湖南等地的红黄壤，由于母岩和环境条件的差异，土壤理化性质不尽相同。在自然植被覆盖下的茶园土壤，以及一些高山茶园土壤，如安徽的黄山、江西的庐山和浙江的天台山等地的土壤是在落叶阔叶林作用下形成的，土层深厚，腐殖质层达20～30cm；而缺乏植被覆盖的土壤，尤其是低丘红壤，其发育差，结构也差，土层浅薄，有机质含量低。

江南茶区产茶历史悠久，资源丰富。茶树品种主要是灌木型中叶种和小叶种，小乔木型中叶种和大叶种也有分布。生产茶类有绿茶、红茶、乌龙茶、白茶、黑茶及各种特色名茶。例如，西湖龙井、君山银针、黄山毛峰、洞庭碧螺春等历史名茶，品质优异，具有较高的经济价值，且驰名中外。

## 三、中国主产茶省份

中华人民共和国成立后，茶叶生产从战乱中得到迅速恢复和发展。随着在西藏和新疆试种茶树获得成功，茶树进入天山，在西藏林芝等地，植茶区域不断扩大。现东起东经122°的台湾东岸，西至东经94°的西藏林芝的米林，南自北纬18°的海南榆林，北达北纬38°附近的山东蓬莱，东西南北纵横数千里，南北跨越近20个纬度的广大区域。我国产茶省份有：浙江、湖南、安徽、四川、重庆、云南、福建、台湾、广东、海南、湖北、江西、贵州、广西、江苏、陕西、河南、山东、甘肃等（表0-3）。

表0-3　全国产茶省份及主要产茶县（市）

| 序号 | 省份 | 茶区名称 | 主要产茶县（市） |
|------|------|----------|------------------|
| 1 | 浙江 | 浙北、浙南、浙中 | 嵊州、绍兴、诸暨、淳安、临安、杭州、余杭、萧山、富阳、桐庐、建德、安吉、鄞州、奉化、新昌、平阳、苍南、泰顺、遂昌、临海、衢州、开化、江山、上虞、余姚、天台、宁海、东阳、金华、武义、浦江、镇海 |
| 2 | 湖南 | 湘北、湘东、湘中、湘南、湘西 | 长沙、望城、浏阳、宁乡、炎陵、茶陵、攸县、株洲、衡山、南岳、洞口、新化、双牌、平江、汨罗、临湘、岳阳、湘阴、桃源、澧县、石门、安化、桃江、隆回、邵东、城步、武冈、蓝山、江华、汝城、资兴、桂东、桑植、慈利、沅陵、会同、保靖、吉首、古丈、永顺 |

（续）

| 序号 | 省份 | 茶区名称 | 主要产茶县（市） |
|---|---|---|---|
| 3 | 安徽 | 黄山、大别山、江南丘陵、江淮丘陵、皖东丘陵 | 歙县、休宁、祁门、黄山、徽州、潜山、青阳、宁国、泾县、东至、贵池、太湖、舒城、霍山、金寨、六安、岳西、石台、宣州、黟县、绩溪、广德、郎溪、巢湖、旌德、南陵 |
| 4 | 四川 | 川东南、川西、川东北 | 南川、雅安、开县、筠连、珙县、北川、宣汉、万县、梁平、高县、宣宾、峨眉、大竹、名山、荥经、巴县、自贡、永昌、叙永、兴文、仁寿、沐川、峨边、马边、灌县、邛崃、平武、天全、芦山、雷坡 |
| 5 | 重庆 | | 云阳、巫溪、武隆、涪陵、綦江、长寿、江津、永川、忠县、城口 |
| 6 | 云南 | 滇西、滇南、滇中、滇东北、滇西北 | 凤庆、勐海、景东、景谷、保山、腾冲、龙陵、云县、临沧、永德、镇康、思茅、昌宁、景洪、沧源、潞西（芒市）、江城、澜沧、普文、梁河、双江、耿马 |
| 7 | 福建 | 闽东、闽北、闽南 | 安溪、福安、福鼎、建瓯、建阳、霞浦、宁德、寿宁、周宁、古田、永春、云霄、平和、连江、浦城、邵武、武夷、罗源、屏南、拓荣、仙游、南安、龙海、南靖、诏安 |
| 8 | 台湾 | 北部、桃竹苗、中南部、东部、高山 | 南投、台北、新竹、嘉义、桃园、苗栗、台东、宜兰 |
| 9 | 广东 | 粤东、粤西、粤北 | 英德、高鹤、清远、乐昌、保亭、广宁、怀集、韶关、饶平、潮安、普宁、和平 |
| 10 | 海南 | | 琼中、定安、通什 |
| 11 | 湖北 | 鄂西南、鄂东南、鄂东北、鄂西北、鄂中北 | 蒲圻、咸宁、崇阳、通城、通山、鹤峰、恩施、宜昌、五峰、红安、英山、浠水、麻城、宜都、武汉 |
| 12 | 江西 | 赣东北、赣西北、赣中、赣南 | 景德镇、上饶、修水、婺源、上饶、武宁 |
| 13 | 贵州 | 黔中、黔东、黔北、黔南、黔西 | 湄潭、凤岗、开阳、石阡、贵定、都匀、晴隆、道真、遵义 |
| 14 | 广西 | 桂西南、苍梧、桂中北 | 灵川、柳城、龙州、横县、百色、容县、北流、玉林、钦州、鹿寨、上林 |

（续）

| 序号 | 省份 | 茶区名称 | 主要产茶县（市） |
|---|---|---|---|
| 15 | 江苏 | 太湖、镇宁扬、云台山 | 宜兴、溧阳、金坛、句容、无锡、溧水、高淳、吴中 |
| 16 | 陕西 | 巴山、米仓山、秦岭 | 紫阳、安康、岚皋、南郑 |
| 17 | 河南 | 豫南、豫西南 | 新县、信阳、南阳、光山、罗山、商城、固始 |
| 18 | 山东 | 东南沿海、鲁中南、胶东半岛 | 日照、莒南、莒县、蒙阴 |
| 19 | 甘肃 | 陇南、陇东南 | 文县、武都、康县 |

注：1. 湖南主产茶县（市）在原资料的基础上进行了更新。2. 桃竹苗指台湾北部桃园市、新竹市、新竹县、苗栗县。3. 贵州现有茶园面积688.5万亩（亩为非法定计量单位，1亩≈667m²，下同），居全国第一位。省内43个主产茶县（市），30万亩以上的有5个，其中湄潭县的种植面积达60万亩，20万～30万亩的县有5个，10万～20万亩的县有22个，万亩乡镇237个（贵州省茶叶研究所提供）。4. 资料来源于《茶树栽培学》（第三版），中国农业出版社。

植茶区域主要集中在东经102°以东、北纬32°以南的贵州、云南、四川、湖北、福建、浙江、安徽、湖南、台湾等。中国茶叶流通协会2018年的数据显示，茶园面积居全国前8位的分别是贵州（45.9万hm²）、云南（44.7万hm²）、四川（36.6万hm²）、湖北（30.2万hm²）、福建（21.2万hm²）、浙江（20.2万hm²）、湖南（17.6万hm²）、安徽（17.3万hm²），如图0-1所示。

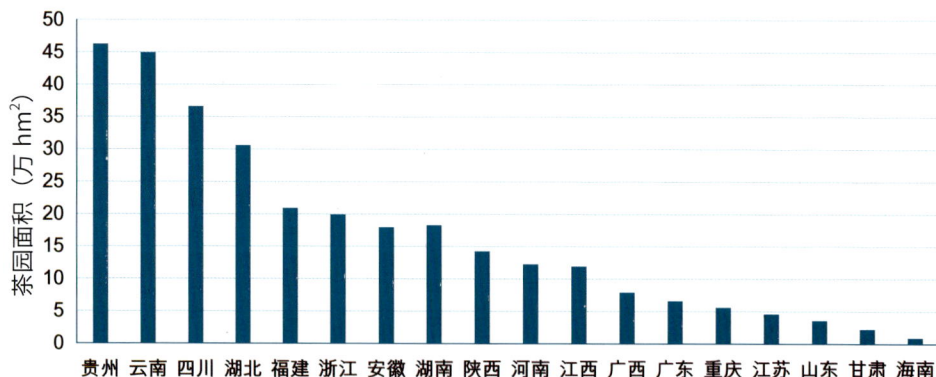

图 0-1　2018年全国各省茶园面积
（注：资料来源于中国茶叶流通协会）

# 第三节
# 中国茶树栽培史

## 一、古代栽培技术

历史上，茶树栽培管理以明清技术最发达。在明代，至少在明代后期，茶树繁殖除了用茶籽直播外，有的地方还采用育苗移栽法，而清代则发明了用茶树枝条扦插和压条进行茶树无性繁殖。程用宾《茶录》记载："肥园沃土，锄溉以时，萌蘖丰腴……"。罗廪《茶解》提出在茶园可间作桂、梅、玉兰、松、竹和兰草、菊花等清香之品，即上层为乔木树层，中间为茶树层，下层是兰、菊一类，人工营造新的植物群落，改善茶园环境，提高茶叶品质，并能抑制杂草生长。清代提出在茶园覆盖干草以抑制杂草滋生，对茶树进行修剪以促其更新复壮。《匡庐游录》记载："山中无别产，衣食取办于茶，地又寒苦，茶树皆不过一尺，五六年后梗无老芽则须伐去，俟其再蘖。"《说茶》则更进一步指出："先以腰镰刈去老本，令根与土平，旁穿一小阱，厚粪其根，仍覆其土而锄之，则叶易茂。"

## 二、现代栽培技术

中华人民共和国成立后，全国各地先后成立了一些茶学研究机构，相继开展了茶树器官形态、结构与生理功能，茶树生物学年龄变化，各器官的生长发育规律和相关性、适生条件，茶树的光合、呼吸、营养、水分和抗性生理机制，茶树生态生理、激素生理，茶园土壤管理等研究，并取得了很大的发展。

茶园土壤研究主要围绕土壤有机质、土壤微生物、土壤酸化及土壤质量评价等方面。近几年，国内研究明确了茶园土壤有机质组成特性及其主控因子，解析了茶园土壤微生物种群特征与养分转化的相关酶活性，分析了土壤致酸原因及围绕致酸原因而开展的茶园土壤酸化改良技术研究，建立了土壤质量、生态、风险评价模式。

全国各地通过大力推广和运用茶树良种、深耕肥土、合理密植、修剪培育、灌溉施肥、耕作除草、防治病虫和合理采摘等科学种茶的技术措施，因地制宜地抓好茶园的园地开垦、种苗应用、种植技术和种后管理，为茶园的高产优质奠定了良好的基础。

1958年，毛泽东同志视察安徽省舒城县茶叶生产时，指示"山坡上要多多开辟茶园"。20世纪80年代初，"茶树矮化密植"研究取得了"早投产、早高产、早收益"的显著成果；80年代中期，"茶胶间作"研究取得重大突破，云南西双版纳、海南、广西南部一带大面积栽培实践成功；80年代以后，重点放在改善茶园结构，提高茶园单产，优质栽培和增进效益上，注重选用早生种，加大秋冬基肥及早春追肥中的氮肥用量，推行秋茶后或春茶后轻修剪，采用覆盖栽培和前期手采名优茶、中后期机采大宗茶等技术。

闽东、闽南沿海平地、低丘地带和闽北的低山丘陵区域，茶园管理上推行施用有机肥，茶园套种爬地兰、满园花、金光菊和猪屎豆等绿肥；养成培土习惯，每隔1～3年培土1次；每年施肥2～3次。采用茶树沟栽、深穴种植、条栽密植等有效措施，提高茶苗种植质量，加快成园速度。

## 三、湖南栽培技术

在湖南，汉代以前就开始产茶，已有2 000多年的历史。盛弘之《荆州土地记》中就有南北朝时期"武陵七县通出茶"的记载。唐代，湖南的湘、资、沅、澧四水流域均已产茶。湖南在茶树栽培方面进行了大量的科学研究和推广工作，20世纪50年代研究了茶树采种、育苗、播种、齐苗、定型修剪、分批多次采摘法、茶园绿肥种植等，并予以推广，保证了新建茶园的质量；60年代研究推广了茶树早成园、持续高产稳产技术，氮、磷、钾肥的增产效应，茶园有机肥施用、灌溉、深耕等技术，有力促进了茶树高产栽培工作的开展；70年代进行了红壤茶园复合肥的肥效试验、机采茶园的经济效益与机采茶树生育性状的研究；80年代机采茶树栽培技术的研究达到了国内领先水平，"机采茶树栽培技术"获国家科技进步奖三等奖，该成果在生产实践中取得了显著效益。

# 第一章

# 良种

# 第一节
# 茶树种质资源

## 一、茶树种质资源分类

茶树属被子植物门（Embryophyto）、双子叶植物纲（Dicotyledoneae）、原始花被亚纲（Archlamydeae）、山茶目（Theales）、山茶科（Theaceae）、山茶属（*Camellia*）、茶组（section *sinensis*），茶组内所有的种和变种统称为茶树植物（表1-1）。

表1-1　茶树在植物学上的分类地位

植物界 Botania
　被子植物门 Embryophyto
　　种子植物亚门 Spermatophyto
　　　双子叶植物纲 Dicotyledoneae
　　　　原始花被亚纲 Archlamydeae
　　　　　山茶目 Theales
　　　　　　山茶亚目 Thealesdeae
　　　　　　　山茶科 Theaceae
　　　　　　　　山茶亚科 Theainae
　　　　　　　　　山茶族 Theeae
　　　　　　　　　　山茶亚族 Camellinae
　　　　　　　　　　　山茶属 *Camellia*
　　　　　　　　　　　　茶亚属 subgenus *thea*
　　　　　　　　　　　　　茶组 section *sinensis*
　　　　　　　　　　　　　　茶系 serise *sinensis*
　　　　　　　　　　　　　　　茶种 *Camellia sinensis*（L.）O. Kuntze

植物分类学对"种"的划分主要是依据植物的形态，尤其是花和果实等生殖器官的形态差异来进行的，这种差异必须是比较稳定的、可靠的，才能与相近的种加以区别。通过对茶树及其各种近缘植物包括野生大茶树的活体、蜡叶标本，以及保存在茶树圃内的大量资源的观察、研究发现，在花器官上存在5室和3室子房、子房密被和不被茸毛等明显而稳定的差异，其他一些特征基本上都是连续不间断的、交又镶嵌的，许多种之间并无清晰的界限。

茶树按照植物形态学演化程度，分为原始型和进化型；按照性状分为野生型和栽培型。各种类型的茶树在形态学、生物化学、细胞学和分子生物学水平上都表现出连续、渐进的演化趋势（表1-2）。

**表1-2　野生型大茶树和栽培型茶树的主要差别**

（王平盛，2002）

| 项　目 | 野生型大茶树 | 栽培型茶树 |
|---|---|---|
| 树体 | 高大乔木、小乔木，树姿多直立 | 小乔木、灌木，树姿多开张、半开张 |
| 叶片形态 | 叶大，叶长10～25cm，角质层厚，叶质较硬脆，脉络不明，叶面多为平或微隆起，叶缘为稀钝齿 | 叶长6～15cm，叶质较厚软，脉络显明，叶缘多为细锐齿 |
| 叶片结构 | 角质层厚，上表皮细胞大，栅栏细胞多为1层，海绵组织比例大，气孔稀疏。硬化细胞多、粗大，呈树根形或星形，有的延伸至栅栏组织直至上表皮中 | 角质层薄，上表皮细胞较小，排列紧密，栅栏细胞多为2～3层，海绵组织比例小，气孔较窄小。硬化细胞少或无，呈骨形或短柱形 |
| 芽叶 | 越冬芽鳞片3～5枚。绿色或黄绿色或末端微紫色，多数少毛或无毛 | 越冬芽鳞片2～3枚。绿色、黄绿色或淡绿色，多毛或少毛 |
| 花冠 | 直径4～8cm，花瓣8～15枚，白色，质厚 | 直径2～4cm，花瓣5～8枚，白色或微绿色，少数微红色 |
| 雄蕊 | 花丝70～250根，粗长，花药大，无味 | 花丝100～300根，细长，花药小，略有芳香味 |
| 雌蕊 | 子房有毛或无毛。柱头3～5裂，以4～5裂为多 | 子房有毛或无毛。柱头2～5裂，以3裂为多 |
| 果实 | 果径3～5cm，果皮厚0.2～1.2cm，皮木质化，硬韧，中轴粗大呈星形，果爿明显 | 果径2～4cm，果皮厚0.1～0.2cm，皮薄，较韧，中轴短细，果爿薄小不明显 |
| 种子 | 种径2cm左右，种皮粗糙，褐色或深褐色，球形或锥形，部分种脊有棱，种脐大，下凹 | 种径1～2cm，种皮光滑，棕褐色或茶褐色，多为球形，种脊不明，种脐小，稍下凹 |
| 花粉 | 花粉粒大，近球形或扁球形，外壁纹饰为细网状，萌发孔为狭缝状或带状沟，极赤轴比＞0.8。钙含量＞10% | 花粉粒小，近球形或球形，外壁纹饰为粗网状，萌发孔沟状，极赤轴比＜0.8。钙含量＜5% |

（续）

| 项　目 | 野生型大茶树 | 栽培型茶树 |
|---|---|---|
| 生化成分 | 氨基酸、茶多酚和EGCG含量偏低，苯丙氨酸含量偏高 | 氨基酸含量较高，茶多酚含量20%～40%，EGCG比例大，苯丙氨酸含量偏低 |
| 萜烯指数 | 多在0.7以上 | 多在0.7以下 |
| 染色体核型 | 以2A型为主，对称性较高 | 以2B型为主，对称性较低 |
| 酯酶同工酶 | 谱带少，具$EST_2$、$EST_3$、$EST_6$、$EST_8$等4条基本谱带 | 谱带多，通常有$EST_2$、$EST_3$、$EST_6$、$EST_8$、$EST_9$、$EST_{10}$、$EST_{12}$、$EST_{14}$、$EST_{17}$等9条谱带 |
| DNA遗传多样性（EST） | 丰富，多态性95.3%；相对多样性频率0.16～0.60，平均为0.3 | 丰富，多态性94.5%；相对多样性频率0.24～0.83，平均为0.47 |

注：资料来源于《茶树育种学》（第二版），中国农业出版社。

　　茶树的植物分类和品种分类两者有不同的范畴，茶树品种分类主要依据生物学性状和经济性状。自然生长的茶树，根据树型可分为乔木、小乔木和灌木3种。乔木型或小乔木型茶树主要分布在热带和冬季温暖的亚热带地区，树高达10～20m，树姿直立，叶面平滑富光泽，叶尖延长，锯齿稀疏，适制红茶和普洱茶。灌木型茶树由乔木型茶树北移演变而成，适应性广，分布于世界各产茶国，树高1～2m（一般均控制在80～90cm），树姿披张，借根颈枝复壮树冠，构成侧轴系统，再生能力强，叶面平滑或隆起，叶尖渐尖或钝尖，适制各种茶类，尤以适制绿茶、乌龙茶等。根据物候期早晚可分为特早生、早生、中生和晚生；根据叶片大小可分为特大叶种、大叶种、中叶种和小叶种（其中叶面积<20cm²为小叶种，20cm²≤叶面积<40 cm²为中叶种，40cm²≤叶面积<60cm²为大叶种，叶面积≥60cm²为特大叶种，叶面积=叶长×叶宽×0.7）。根据茶类适制性可分为绿茶、红茶、乌龙茶适制品种等。一个栽培品种通常用树型、叶片、物候期等综合描述，如"楮叶齐"为灌木型、中叶类、中生种。

## 二、茶树种质资源特点

　　我国农业历史悠久，又是茶树的起源地，有着丰富的茶树种质资源。茶树种质资源是经过长期自然演化，不断适应变化多样的耕作制度而形成的一种重要的自然资源，它在漫长的生物进化过程中不断得以充实与发展，积累了由自然选择和人工选种所引起的极其丰富的遗传变异，蕴藏着控制各种性状的基因，形成了各种优良的遗传性状及生物类型，具有满足人类不同育种目标所需要的多样化种质特点，与茶树栽培和茶叶品质直接相关的特点主要有生化成分多样性和叶片结构特征多样性。

## （一）生化成分特点

陈亮对来自全国各地的596份茶树资源生化成分研究的结果表明，茶树资源生化成分多样性丰富，常规生化成分的变幅比较大，不同原产地（省）之间差异显著。茶多酚含量平均为28.4%（13.6%～47.8%），从北到南逐渐升高，以云南资源最高；儿茶素总量平均为144.6g/kg（81.9～262.7g/kg），以湖南资源最高；氨基酸总量平均为3.3%（1.1%～6.5%），南部地区资源的含量比北部和东部地区低得多；咖啡碱含量平均为4.2%（1.2%～5.9%），高咖啡碱资源以云南为最多，福建次之；水浸出物平均为44.7%（24.4%～57.0%），变化趋势与茶多酚一致；超常规成分资源以云南、湖南和福建最多。

## （二）叶片结构特点

利用光学显微镜观察不同类型茶叶的构造发现，气孔数与叶面积成反比，高原或高山上气孔比平原要稀。耐旱品种具有角质层厚、栅栏组织厚且发达、叶层厚、叶具革质、叶色深绿、单位叶面积叶片气孔多而小等特征。随着生态条件的改变，叶形与结构也随着改变，如栽种在湖南长沙的江华苦茶、湘波绿、楮叶齐等品种外形近似中叶种，但内部结构具有大叶类特征，只有一层栅栏组织，栅栏组织与海绵组织的比例较大（1∶2.9以上）；细胞中的液泡所占比例较大，细胞液含量多，细胞液中多酚类含量也会高，水浸出物多，味较浓，宜制红茶。超微结构特征是大叶类叶绿体片层多，基粒堆叠也较多，脂类颗粒较少，而淀粉多，电子透明度小，核糖体丰富，因此味浓而不香；中小叶种类型，基粒片层多，基粒堆叠多，脂类颗粒较多，尤以水仙类突出，淀粉较少，核糖体极为丰富，因此味鲜而较香。龙井43叶绿体片层特别密而小，电子透明度极小，所以核糖体极为丰富，合成蛋白质效率高，氨基酸含量极为丰富，具有较强的鲜味。祁门种的脂类颗粒和核糖体较多，因此这个品种既香又味鲜。

### 三、湖南茶树种质资源

湖南省地处东经108°50′～114°15′、北纬24°40′～35°05′。东为幕阜和罗霄山脉，西为武陵、雪峰山脉，南有五岭山脉，中部丘陵与河谷、盆地相间，北部为洞庭湖；属亚热带大陆季风湿润气候区，年均气温16～18℃，年降水量1 200～1 700mm，相对湿度多在80%左右；土壤肥沃，微酸性，自然肥力较高，适宜茶树生长，属我国茶树区划的江南茶区。湖南境内分布着以城步峒茶、江华苦茶、汝城白毛茶、安化云台山种和保靖黄金茶等5个群体为代表的茶树种质资源，茶树资源非常丰富。

从20世纪50年代开始，湖南省茶学专家对城步峒茶、江华苦茶、汝城白毛茶、安化云台山种、保靖黄金茶等地方群体资源进行了生态环境观察及生化成分分析，并对一些优良群体的单株进行了生物性状和经济性状研究，挖掘了40多个地方品种，审定（登记）茶树良种36个，其中国家级茶树良种12个、省级茶树良种24个（表1-3）。直接通过本地野生茶树资源鉴定、评价选育而成的无性系品种共15个、地方群体品种5个，通过资源创新育成无性系品种16个。保靖黄金茶1号、黄金茶2号、槠叶齐、碧香早、茗丰、湘红3号、白毫早、桃源大叶等品种成为湖南省主栽茶树良种。

表1-3　湖南省选育的36个茶树良种

| 品　种 | 年份 | 完成单位 | 品　种 | 年份 | 完成单位 |
|---|---|---|---|---|---|
| 安化云台山种* | 1965 | 安化县农业局 | 汝城白毛茶 | 1987 | 汝城县 |
| 东湖早 | 1984 | 湖南农业大学园艺系 | 城步峒茶 | 1987 | 城步苗族自治县 |
| 槠叶齐* | 1987 | 湖南省茶叶研究所 | 桃源大叶 | 1992 | 桃源县茶树良种站 湖南农业大学 |
| 湘波绿 | 1987 | 湖南省茶叶研究所 | 碧香早 | 1993 | 湖南省茶叶研究所 |
| 高桥早 | 1987 | 湖南省茶叶研究所 | 茗丰 | 1993 | 湖南省茶叶研究所 |
| 大尖叶 | 1987 | 湖南省茶叶研究所 | 尖波黄13号* | 1994 | 湖南省茶叶研究所 |
| 尖波黄 | 1987 | 湖南省茶叶研究所 | 高芽齐* | 1994 | 湖南省茶叶研究所 |
| 江华苦茶 | 1987 | 江华瑶族自治县 | 白毫早* | 1994 | 湖南省茶叶研究所 |

（续）

| 品　种 | 年份 | 完成单位 | 品　种 | 年份 | 完成单位 |
|---|---|---|---|---|---|
| 槠叶齐12号* | 1994 | 湖南省茶叶研究所 | 保靖黄金茶1号 | 2010 | 湖南省茶叶研究所保靖县农业局 |
| 福毫 | 1996 | 湖南省茶叶研究所 | 湘波绿2号 | 2011 | 湖南省茶叶研究所 |
| 福丰 | 1997 | 湖南省茶叶研究所 | 湘茶研8号（潇湘红21-3） | 2012 | 湖南省茶叶研究所 |
| 安茗早 | 1997 | 安化县唐溪茶场 | 黄金茶2号 | 2012 | 湖南省茶叶研究所保靖县农业局 |
| 湘红茶1号 | 1998 | 湖南省茶叶研究所 | 黄金茶168号 | 2015 | 湖南省茶叶研究所保靖县农业局 |
| 湘红茶2号 | 2003 | 湖南省茶叶研究所 | 潇湘1号 | 2016 | 湖南省茶叶研究所 |
| 保靖黄金茶 | 2006 | 保靖县农业局 | 湘红3号* | 2019 | 湖南省茶叶研究所 |
| 玉笋 | 2009 | 湖南省茶叶研究所 | 湘茶研2号* | 2019 | 湖南省茶叶研究所 |
| 玉绿* | 2010 | 湖南省茶叶研究所 | 湘茶研4号* | 2019 | 湖南省茶叶研究所 |
| 湘妃翠* | 2010 | 湖南农业大学 | 西莲1号* | 2019 | 湖南省茶叶研究所张家界西莲茶业公司 |

注：＊为国家级茶树良种。

湖南省茶叶研究所等科研院校广泛开展了茶树亚种、变种间杂交和少量变种内品种间杂交，对湖南茶树资源加以创新利用，从中选育了碧香早、茗丰、福毫、湘红茶1号、湘红茶2号、玉绿、玉笋、湘波绿2号、潇湘1号、湘茶研2号、湘茶研6号、尖波黄13号、高芽齐、槠叶齐12号、湘妃翠等15个杂交良种。

"农以种为先"，湖南茶树种质资源的创新利用为全省茶产业提供了优良品种，促进了湖南茶产业的快速发展。2014年，湖南省政府制定《湖南省茶叶产业发展规划》（湘政办发〔2014〕6号），规划建设U形优质绿茶带、雪峰山脉优质黑茶带、环洞庭湖优质黄茶带和湘南优质红茶带等4个优质茶叶产业带，涉及湖南省37个主产茶县（市）。计划到2020年末，全省建成20万hm²优质茶园，无性系良种面积达80%以上，产量45万t，年出口8万t以上，力争实现1 000亿元茶业综合产值，全省茶农收入翻一番。2018年，全省37个茶叶主产县（市）茶园面积17.48万hm²，茶叶产量30.78万t（表1-4）。

表1-4　2018年湖南省4个优势茶叶产业带主产地茶叶生产基本情况

| 序号 | 优势茶带 | 县（市、区） | 茶园面积（万亩） | 茶叶产量（万吨） | 茶叶产值（万元） |
|---|---|---|---|---|---|
| 1 | | 石门县 | 17.50 | 2.13 | 67 500 |
| 2 | | 慈利县 | 5.18 | 0.26 | 13 239 |
| 3 | | 桑植县 | 6.50 | 0.16 | 18 000 |
| 4 | | 保靖县 | 8.92 | 0.06 | 50 000 |
| 5 | | 吉首市 | 11.23 | 0.14 | 69 000 |
| 6 | | 古丈县 | 15.08 | 0.83 | 93 700 |
| 7 | | 沅陵县 | 15.00 | 0.81 | 80 450 |
| 8 | | 洞口县 | 3.29 | 0.35 | 6 280 |
| 9 | | 双峰县 | 3.95 | 0.22 | 8 956 |
| 10 | | 资兴市 | 7.90 | 0.32 | 38 400 |
| 11 | U形优质绿茶带 | 茶陵县 | 3.20 | 0.12 | 25 200 |
| 12 | | 衡山县 | 2.02 | 0.03 | 1 862 |
| 13 | | 祁阳县 | 4.40 | 0.11 | 35 000 |
| 14 | | 常宁市 | 4.39 | 0.19 | 20 454 |
| 15 | | 隆回县 | 2.00 | 0.06 | 5 000 |
| 16 | | 武冈市 | 1.60 | 0.07 | 1 200 |
| 17 | | 湘乡市 | 2.88 | 0.59 | 16 000 |
| 18 | | 湘潭县 | 2.28 | 0.17 | 18 875 |
| 19 | | 浏阳市 | 4.10 | 0.16 | 2 600 |
| 20 | | 长沙县 | 9.42 | 5.01 | 121 404 |
| 21 | | 宁乡县 | 5.70 | 0.65 | 4 636 |
| | | 小计 | 134.94 | 13.34 | 766 238 |

（续）

| 序号 | 优势茶带 | 县（市、区） | 茶园面积（万亩） | 茶叶产量（万吨） | 茶叶产值（万元） |
|---|---|---|---|---|---|
| 22 | | 安化县 | 35.00 | 8.19 | 512 827 |
| 23 | | 桃源县 | 15.00 | 3.57 | 160 300 |
| 24 | | 临湘市 | 10.80 | 1.80 | 40 000 |
| 25 | 雪峰山脉优质黑茶带 | 桃江县 | 8.10 | 1.71 | 43 510 |
| 26 | | 新化县 | 7.58 | 0.47 | 48 500 |
| 27 | | 赫山区 | 3.50 | 0.35 | 11 200 |
| 28 | | 资阳区 | 2.19 | 0.21 | 4 435 |
| | | 小计 | 76.48 | 16.30 | 820 772 |
| 29 | | 岳阳县 | 3.52 | 0.25 | 12 748 |
| 30 | 环洞庭湖优质黄茶带 | 平江县 | 8.00 | 0.66 | 28 000 |
| 31 | | 湘阴县 | 5.85 | 0.58 | 13 860 |
| 32 | | 汨罗市 | 2.65 | 0.17 | 2 400 |
| | | 小计 | 20.02 | 1.66 | 57 008 |
| 33 | | 桂东县 | 12.60 | 0.48 | 57 600 |
| 34 | | 汝城县 | 6.20 | 0.16 | 23 400 |
| 35 | 湘南优质红茶带 | 江华瑶族自治县 | 5.63 | 0.17 | 17 893 |
| 36 | | 宜章县 | 3.50 | 0.10 | 12 240 |
| 37 | | 蓝山县 | 2.95 | 0.03 | 4 741 |
| | | 小计 | 30.88 | 0.94 | 115 874 |
| | | 总计 | 262.32 | 30.78 | 1 675 775 |

注：1. 跨2个及以上优势茶带的县（市、区）依其主产茶类归入其中一个优势茶叶产业带，不重复统计；
2. 数据来源于湖南省茶业协会。

湖南省打造了"安化黑茶""保靖黄金茶""古丈毛尖""沅陵碣滩茶""石门银峰""岳阳黄茶"等公用品牌，获得21个中国驰名商标、102个湖南省著名商标，18家企业生产的产品列入《2015年度全国名特优新农产品目录》。

湖南省成为全国茶叶优势区域规划中的名优绿茶和出口绿茶优势区域，是全国著名的"绿茶优势产业带""黑茶产业中心""中国黄茶之乡"，形成了绿茶、黑茶、红茶、黄茶、花茶等多茶类发展的产业结构。

# 第二节
# 茶树良种

品种是茶叶生产重要的基础资料，是人类在长期栽培过程中形成，适于一定环境条件和栽培技术条件下的群体，是栽培植物的基本单位，具有相对一致的生物学特性、形态特征和稳定的遗传性。茶树是多年生叶用植物，个体发育时间较长，经济年限长，推行茶树良种化，建立高产、稳产和优质茶园，是茶叶生产上一项重要的基本建设。

## 一、良种作用

优良的茶树品种通常具有增加产量、提高品质、增强抗逆性、提高劳动效率、调节茶季劳动力、充分发挥制茶设备效能等多方面作用。

### （一）良种的增产作用

茶叶产量是由单位面积内芽叶个数、每一个芽叶的重量（一芽三叶百芽重最少为6.8g、最重的可达220.0g）、年生长期内芽叶生长速度（轮次性）、营养生长期的长短等综合因子所决定，即在单位面积内表现为"多、重、快、长"。这4个因子或者其中二、三个因子显得比较突出，便可以获得丰产，优良品种比一般品种要增产20%～30%。

在环境条件和管理水平相对一致的情况下，优良茶树品种与一般品种在树冠大小、分枝习性、发芽密度、芽叶重量、发芽迟早和轮次、新梢生育速度等方面差异显著。有研究认为，高光效生态型高产茶树品种一般具有以下基本特点：一是树型紧凑，分枝角度较小；二是叶片向上斜生，呈轮生状，互不遮光；三是嫩叶黄绿，老叶浓绿；四是茎粗芽壮，育芽能力强；五是光合能力强，呼吸消耗低。

### （二）良种的提质作用

驰名中外的滇红与云南大叶种、祁红与祁门槠叶种、龙井与龙井43和龙井群体、君山银针与君山1号、铁观音与适制乌龙茶的系列品种等，无不说明品质与品种之间的密切关系。形成茶叶品质的色、香、味、形的主要物质基础，是由芽叶内部的生物化学特性和外部形态特征所决定，品种不同常表现出很大差异。例如，云南大叶种所制红茶品质优异，素以汤色红艳、滋味浓强著称，主要是其儿茶素含量显著高于一般品种的原因；保靖黄金茶1号所制绿茶，香气高雅，滋味鲜醇，主要是其氨基酸含量高且与茶多酚比例协调等原因。此外，不同品种芽叶的形状、大小、颜色、节间长短、茸毛多少、叶片厚薄等外部形态的差异，也在不同程度上影响茶叶的外形和内质。

按照良种不同品质的特点，合理搭配加工，可以较全面地提高成茶品质。湖南省茶叶研究所采用传统工艺，以茶树良种槠叶齐和碧香早鲜叶为原料进行混合加工试验，对样品感官审评和生化检测的结果表明，不同茶树品种多酚氧化酶和过氧化物酶活性差异大，其加工的工夫红茶品质差异明显；采取不同品种鲜叶混合加工，能有效提高中小叶种工夫红茶的品质。

### （三）良种的抗逆作用

茶树抗性强弱，主要取决于品种本身，且具有稳定的遗传性。例如，产于我国西南茶区的云南大叶种，在我国江北茶区及江南茶区的大部分自然条件下难以越冬；大叶种佛香3号在湖南省长沙县抗寒性较差，越冬难。世界各国选育的一些品种，不乏抗旱、抗寒、抗病虫的特性，如日本育成的"明绿"高抗茶轮斑病和较抗炭疽病、"翠绿"抗炭疽病、"凉风"抗寒和抗裂皮型冻害及抗炭疽病，我国育成的"寒绿""龙井43"等抗寒性较强、"玉绿"抗炭疽病较强、"湘红3号"抗旱性较强等。

### （四）良种的采摘效率

不同品种的发芽密度、茶芽整齐度和芽叶的大小，一般都表现明显的差别。茶芽肥壮、密而整齐的品种，采摘效率高，如槠叶齐、云南大叶种、英红九号等；反之，茶芽瘦小、发芽不整齐的品种，采摘效率低，如老旧群体茶园等（荒、老、弃管的良种茶园也会产生类似现象）。此外，劳动力紧缺和采摘成本的上涨，茶叶采摘机械化是必然趋势，发芽整齐、轮次明显、分枝角度好、芽叶持嫩性和再生力强的良种将显著提高机采鲜叶的匀度、净度和完整度，降低破碎率，提高生产效益。

茶树良种分无性系良种和有性系品种。无论是有性系还是无性系，优良茶树品种应具备丰产性好、适制性广、适应性强、抗逆性强等其中1～2个以上优点。在具体进行茶树性状的选择时，必须从其各个方面去考察，特别是茶树的叶片、芽叶及与之有关的特性。

## 二、无性系良种

### （一）无性系良种特性

1.植株。无性系良种茶树植株要求树冠面大，树势健壮，分枝疏密适度，树姿呈半开张状。树冠面大的茶树，采摘面就大，个体的发芽数也多；分枝疏密适度利于叶片利用光能，芽叶肥厚，持嫩性好；分枝密度与树冠面是相适应的，分枝能力较强的茶树，树冠面也较大，丰产性好；树姿直立的茶树往往产量较低。树冠分枝的另一优良标志是节间较长、分枝角度较大，顶端优势强而木质化较慢，同时具有持嫩性强的特点。但要注意，节间长的往往抗逆性较弱，在旱季或严冬有脱叶现象。还有一种类型，它的芽叶突出密生在树冠上层，有"晒面茶"之称，也是一种丰产标志。通过修剪更易显示它的特性，这种类型对于适应机械采茶是有利的，如槠叶齐。

2.叶片。茶树叶片要大、长、尖、软，叶面隆起而富有光泽，叶色绿而鲜艳。一般叶片长、大的是芽叶肥厚、产量高、品质好的标志；叶质肥厚而柔软，叶色较浅而富光泽，叶面隆起而显波缘，都是植株生活力充沛、育芽能力强、适制性好的反映，但抗寒旱能力和病虫害能力较弱。叶片薄而粗硬、叶色深暗，是产量和品质低下的特征。从抗性角度来看，凡叶小而平、叶质刚硬、叶片内折、叶片着生角度小而呈上斜分布、暗绿色的茶树，对干旱和寒冷等逆境条件的忍受能力较强。育种者可以采用杂交等方法将这些能够互补的有益性状综合在一起，创制新的优异资源和选育优质特色新品种。

总而言之，优良品种具有发芽早、育芽多、树冠大、芽叶重、伸育快、采期长、适应性强、制茶品质好、新梢持嫩性强等优良性状特征。

### （二）无性系良种引种

引种，指从外地区或从国外引进新品种，通过简单的试验证明适合本地区栽培后，直接在生产上推广种植，或因有特殊价值而作为选育双无性系品种的亲本而引进。

随着新品种在不同省份或茶区相互引用频率的增加，茶树引种出现了一些问题。一是对品种特性、适应性缺乏了解。茶树的特性是与自然环境长期和谐共处的结果，一些农户引进新品种或基层农技站指导引种时对品种的特性、适应性等知之甚少，或对当地的实际条件考虑不周，引种盲目性和随意性很大，结果往往导致所引品种生长不良或未老先衰，甚至出现死亡现象。如将浙江安吉白茶引种到一些低纬度茶区，由于冬季不能出现0℃以下低温的感温期，而使春梢的白化现象不明显，失去引种的价值。二是对品种适制性和品种搭配欠考虑。一些茶农在引种时只单纯考虑和一味追求发芽早、产量高等因素，忽视了品种适制性和早中晚生搭配的问题，忽视了茶叶品质优劣，待投产后，才发现茶叶品质欠佳，销路不畅，或大面积同时开采出现用工荒，而遭受很大损失。三是主栽良种不突出。一些多茶类生产区的茶树良种引种目的不明确，存在过多、过滥现象，导致主栽品种不突出，相互间雷同的品种甚多，茶叶产品形成不了地方特色。

为了减少盲目性，增强预见性，地理上远距离引种，包括不同地区甚至国家之间引种，应重视原产地区与引进地区之间的生态环境差异、当地茶叶生产具体情况等，并遵循以下基本原理。

**1.生态条件相似性原理。** 20世纪初，德国人Mayr提出的气候相似论是引种工作被广泛接受的基本理论之一。该理论的要点是，原产地区与引进地区之间，影响作物生产的主要因素应尽可能相似，以保证品种引种成功的可能性。

茶树优良品种的形态特征和生物学特性都是自然选择和人工选种的产物，因而它们都适应于一定的自然环境和栽培条件，这些与茶树品种形成及生长发育有密切关系的环境条件即为生态条件。例如，20世纪70年代末，开展全国第一次农作物种质资源普查时，湖南省茶叶研究所资源调查专家在井冈山边缘的汝城县九龙山发现了万亩的白毛茶群落（现今湘南茶区广为栽培的著名品种汝城白毛茶）。20世纪80年代，专家们引种一定数量的汝城白毛茶到长沙县高桥镇，保存于湖南省茶叶研究所资源圃自然生长区内，但近40年，仅存活2株。这可能是因为汝城白毛茶原产地汝城县气候属南亚热带向中亚热带过渡的湿润气候区，引种地长沙县属中（北）亚热带湿润气候所致。汝城白毛茶一般生长在原始次生林之下，在阴天阴凉条件下净光合速率大，在晴天高温强光条件下光合速率小，其喜阴特性明显，要求比较荫蔽的生态条件。又如，同一纬度不同海拔高度地区，海拔每升高100m，日平均气温降低0.6℃，原高海拔地区的品种引至低海拔地区，植株会比原产地高大，繁茂性增强；反之，植株比原产地矮小，生育期延长。

因此，在选用、引进新品种时首先要因地制宜，必须先对茶园所处的自然条件诸如温度包括极限温度、无霜期、年降水量、土壤条件、气象灾害等进行实地调查摸底，在此基础上，再对引进品种所需环境条件做分析比较，以便明确引进的茶树良种所需条件及其具备的抗逆能力（抗寒、抗旱、抗病虫），做到科学、合理引种。

一般来说，生态条件相似的地区引入品种是容易成功的。品种引入地的栽培水平、耕作制度、土壤情况等条件与原产地区相似时，引种较容易成功。只考虑品种不考虑栽培、耕作等条件往往会引种失败，如将高水肥品种引种到土壤贫瘠的园地栽培，也会导致引种失败。

**2.品种适制性原理。**由于不同品种的芽叶外部特征和内部生化成分的含量及组成不一样，其适制茶类也不一样，良种推广中一定要注意根据当地主产茶类或特殊要求来选择相应的品种。一般品种的适制性是按茶类划分的，而一些传统的名特优茶，已形成自己独特的风格，对品种有尤其特殊的要求，如龙井茶属绿茶类，要求外形扁平光滑不带茸毛，福鼎大白茶这类多毫品种，虽制绿茶品质优良，但用来制龙井茶却不合适。

**3.合理搭配原理。**在市场经济条件下，茶叶生产是以市场为导向的。一个地方需引进什么品种，要全面分析当地茶叶产业的现状，根据主要生产茶类、茶叶产品特点及产品定位来确定引种的方向。一般来说，单茶类区的良种不宜过多，应控制在3～5个，多茶类区根据品种适制性可增加至7～8个不同特色、不同生育期的品种，但主栽良种都不宜超过3个，其产量至少要达到总产量的70%以上，以便形成有地方特色的龙头产品。非主栽品种以调节洪峰为主，点缀花色品类为辅，这样才有利于品牌的培育和市场竞争。因为市场的需求是动态的，按上述要求搭配栽培品种，既有利于在市场需求发生变化时及时调整茶类结构，同时又避免品种过于单一而引起生产加工洪峰集中、劳动力紧张、病虫害流行甚至暴发等负面效应，并且可以增强抵抗倒春寒、干旱等自然灾害的能力。为保证茶园生产效益，早、中、晚生品种的搭配比例一般为6∶3∶1。不同品种其品质特色不一样，有的香气突出，有的滋味独特，根据品种特色合理搭配，可以达到品质互补的效果，这也是品种搭配种植的另一个优点。

**4.先试后引原理。** 为提高引种效率，坚持先少量引种，试验成功后再示范推广的"先试后引"策略。即一个品种的数量可少些，但引入品种个数，只要符合引种目标，应尽可能多些，以期经过试种，有利于优中选优。因为年度间气候有差异，最好将引进的品种进行2年以上的栽培试验，以正确判断该品种对本地生态条件的适应性和市场销售的可行性，然后再逐步示范推广。引种成功的标准包括：一是不需要特殊保护或采取必要的栽培措施，可以正常生长、开花、结实；二是保持较好的产量、品质和抗性等经济性状；三是能用适当的繁殖方式进行正常的繁殖。对已确定利用的引入品种进行栽培试验，摸清品种特性，对不同品种的种植规格、树冠培养、土壤肥水的管理、灾害治理和采收等技术进行研究，制定适宜的栽培措施，推行良种良法，发挥品种的良种潜力，以达到高产、优质的目的。

### （三）湖南省主栽无性系良种

2009年，湖南省委、省政府决定大力发展全省茶叶产业。为给全省茶叶产业推荐适应性强的茶树良种，湖南省茶叶研究所先后从全国10个省份引种82个茶树良种，在湖南省茶叶研究所实验茶场（长沙县高桥镇）布置品种适应性试验。结果表明，除佛香3号适应性较差，其他品种均适宜在湖南种植（表1-5）。

表1-5 湖南省主栽无性系茶树良种

| 序号 | 品　种 | 选育省份 | 物候期 | 适制性 | 适栽茶区 |
|---|---|---|---|---|---|
| 1 | 楮叶齐* | 湖南 | 中生 | 适制红茶、绿茶 | 江南 |
| 2 | 高芽齐* （楮叶齐9号） | 湖南 | 中生 | 适制红茶、绿茶 | 江南、江北 |
| 3 | 楮叶齐12号* | 湖南 | 中生 | 适制红茶、绿茶 | 江南、江北 |
| 4 | 白毫早* | 湖南 | 早生 | 适制绿茶 | 江南、江北 |
| 5 | 尖波黄13号* | 湖南 | 早生 | 适制红茶、绿茶、黄茶 | 江南、江北 |
| 6 | 玉绿* | 湖南 | 早生 | 适制绿茶 | 江南、江北 |
| 7 | 玉笋 | 湖南 | 早生 | 适制绿茶 | 江南、江北 |
| 8 | 碧香早 | 湖南 | 早生 | 适制绿茶、红茶 | 江南、江北 |

（续）

| 序号 | 品　种 | 选育省份 | 物候期 | 适制性 | 适栽茶区 |
|---|---|---|---|---|---|
| 9 | 茗丰 | 湖南 | 中生 | 适制绿茶、红茶 | 江南、江北 |
| 10 | 保靖黄金茶1号 | 湖南 | 特早生 | 适制绿茶、红茶 | 江南、江北 |
| 11 | 黄金茶2号 | 湖南 | 早生 | 适制绿茶、红茶 | 江南、江北 |
| 12 | 黄金茶168号 | 湖南 | 早生 | 适制绿茶、红茶 | 江南、江北 |
| 13 | 潇湘1号 | 湖南 | 中生 | 适制红茶、绿茶 | 江南 |
| 14 | 湘茶研8号（潇湘红21-3） | 湖南 | 中生 | 适制红茶 | 江南 |
| 15 | 湘波绿2号 | 湖南 | 早生 | 适制绿茶 | 江南、江北 |
| 16 | 湘红3号* | 湖南 | 中生 | 适制红茶 | 江南 |
| 17 | 湘茶研2号* | 湖南 | 中生 | 适制绿茶 | 江南、江北 |
| 18 | 湘茶研4号* | 湖南 | 中生 | 适制红茶 | 江南 |
| 19 | 西莲1号* | 湖南 | 中生 | 适制白茶、红茶、绿茶 | 湖南 |
| 20 | 福毫 | 湖南 | 早生 | 适制绿茶 | 江南、江北 |
| 21 | 高桥早 | 湖南 | 早生 | 适制红茶、绿茶 | 江南、江北 |
| 22 | 尖波黄 | 湖南 | 中生 | 适制红茶、黄茶 | 江南 |
| 23 | 湘波绿 | 湖南 | 中生 | 适制红茶、绿茶 | 江南、江北 |
| 24 | 大尖叶 | 湖南 | 中生 | 适制红茶、绿茶 | 江南、江北 |
| 25 | 湘妃翠* | 湖南 | 早生 | 适制绿茶 | 江南、江北 |
| 26 | 桃源大叶 | 湖南 | 中生 | 适制红茶、绿茶 | 江南 |
| 27 | 安茗早 | 湖南 | 早生 | 适制红茶、绿茶、黑茶 | 江南、江北 |
| 28 | 龙井43* | 浙江 | 特早生 | 适制绿茶 | 江南、江北 |
| 29 | 龙井长叶* | 浙江 | 早生 | 适制绿茶 | 江南、江北 |
| 30 | 中茶108* | 浙江 | 特早生 | 适制绿茶 | 江南、江北 |
| 31 | 中茶102* | 浙江 | 特早生 | 适制绿茶 | 江南、江北 |
| 32 | 中茶110 | 浙江 | 早生 | 适制绿茶 | 江南、江北 |

（续）

| 序号 | 品　种 | 选育省份 | 物候期 | 适制性 | 适栽茶区 |
|---|---|---|---|---|---|
| 33 | 中黄2号（缙云黄） | 浙江 | 中生 | 适制绿茶 | 江南、江北 |
| 34 | 乌牛早 | 浙江 | 特早生 | 适制绿茶 | 江南、江北 |
| 35 | 武阳早 | 浙江 | 特早生 | 适制绿茶 | 江南 |
| 36 | 武阳香 | 浙江 | 中生 | 适制绿茶 | 江南 |
| 37 | 菊花春* | 浙江 | 早生 | 适制绿茶、红茶 | 江南 |
| 38 | 安吉白茶（白叶1号） | 浙江 | 中生 | 适制绿茶 | 江南 |
| 39 | 寒绿* | 浙江 | 早生 | 适制绿茶 | 江南、江北 |
| 40 | 迎霜* | 浙江 | 早生 | 适制绿茶、红茶 | 江南 |
| 41 | 平阳特早茶 | 浙江 | 特早生 | 适制绿茶 | 江南、江北 |
| 42 | 浙农139* | 浙江 | 早生 | 适制绿茶 | 江南、江北 |
| 43 | 浙农113* | 浙江 | 早生 | 适制绿茶 | 江南、江北 |
| 44 | 碧云* | 浙江 | 中生 | 适制绿茶 | 江南 |
| 45 | 福鼎大白茶* | 福建 | 早生 | 适制绿茶、白茶等 | 江南、江北 |
| 46 | 铁观音* | 福建 | 晚生 | 适制乌龙茶、绿茶 | 华南 |
| 47 | 金观音（茗科1号） | 福建 | 早生 | 适制乌龙茶 | 乌龙茶区 |
| 48 | 福安大白茶* | 福建 | 早生 | 适制绿茶、白茶等 | 江南、江北 |
| 49 | 福选9号 | 福建 | 特早生 | 适制绿茶 | 华南 |
| 50 | 霞浦元宵茶 | 福建 | 特早生 | 适制红茶、绿茶（尤适制窨制花茶的原料） | 江南、江北 |
| 51 | 水仙* | 福建 | 中晚生 | 适制白茶 | 福建 |
| 52 | 政和大白茶* | 福建 | 晚生 | 适制红茶、绿茶、白茶 | 江南 |
| 53 | 玉琼 | 福建 | 早生 | 适制乌龙茶 | 福建 |
| 54 | 安徽1号* | 安徽 | 中生 | 适制红茶、绿茶 | 江南、江北 |

（续）

| 序号 | 品 种 | 选育省份 | 物候期 | 适制性 | 适栽茶区 |
|------|--------|----------|--------|--------|----------|
| 55 | 安徽7号* | 安徽 | 中偏晚生 | 适制绿茶 | 江南、江北 |
| 56 | 凫早2号* | 安徽 | 早生 | 适制红茶、绿茶 | 江南、江北 |
| 57 | 杨树林783* | 安徽 | 晚生 | 适制红茶、绿茶 | 江南、江北 |
| 58 | 仙寓早 | 安徽 | 特早生 | 适制红茶、绿茶 | 江南、江北 |
| 59 | 瑞香* | 安徽 | 晚生 | 适制乌龙茶、红茶、绿茶 | 江南、江北 |
| 60 | 悦茗香* | 安徽 | 中生 | 适制乌龙茶、绿茶 | 乌龙茶区 |
| 61 | 舒茶早* | 安徽 | 早生 | 适制绿茶 | 江南、江北 |
| 62 | 黄魁 | 安徽 | 中生 | 适制绿茶 | 江南、部分江北 |
| 63 | 金萱（台茶12号） | 台湾 | 中生 | 适制红茶、乌龙茶 | 江南、江北 |
| 64 | 软枝乌龙（青心乌龙） | 台湾 | 晚生 | 适制乌龙茶、包种茶、红茶 | 江南 |
| 65 | 鄂茶1号* | 湖北 | 中生 | 适制绿茶 | 江南、江北 |
| 66 | 黔湄809* | 贵州 | 中生 | 适制红茶、绿茶 | 西南、华南 |
| 67 | 黔湄601* | 贵州 | 中生 | 适制红茶、绿茶 | 西南 |
| 68 | 黔茶8号 | 贵州 | 早生 | 适制绿茶 | 西南 |
| 69 | 黔辐4号 | 贵州 | 中偏晚生 | 适制绿茶 | 西南 |
| 70 | 苔选03-22（黔茶1号） | 贵州 | 早生 | 适制绿茶 | 贵州地区 |
| 71 | 紫娟 | 云南 | 中生 | 适制绿茶、普洱茶 | 西南、华南 |
| 72 | 云抗10号* | 云南 | 早生 | 适制红茶、绿茶 | 西南、华南 |
| 73 | 佛香3号 | 云南 | 早生 | 适制绿茶 | 西南、华南 |
| 74 | 锡茶11号* | 江苏 | 中生 | 适制红茶、绿茶 | 江南、江北 |
| 75 | 尧山秀绿* | 广西 | 特早生 | 适制绿茶 | 西南、江南 |
| 76 | 桂香22号 | 广西 | 中生 | 适制绿茶、红茶 | 西南、华南 |

（续）

| 序号 | 品　种 | 选育省份 | 物候期 | 适制性 | 适栽茶区 |
|------|--------|----------|--------|--------|----------|
| 77 | 桂香18号* | 广西 | 中生 | 适制绿茶、红茶、乌龙茶 | 西南、华南 |
| 78 | 名山特早213* | 四川 | 特早生 | 适制绿茶 | 西南、江南 |
| 79 | 南江1号* | 四川 | 早生 | 适制绿茶 | 西南、江南 |
| 80 | 早白尖5号* | 四川 | 早生 | 适制绿茶 | 西南、江南 |
| 81 | 九龙袍 | 福建 | 晚生 | 适制乌龙茶 | 福建乌龙茶区 |
| 82 | 肉桂 | 福建 | 晚生 | 适制乌龙茶 | 福建乌龙茶区 |

注：* 品种为国家级良种，部分品种信息资料来源于《中国无性系茶树品种志》（上海科学技术出版社），部分来源于各品种选育研究报告。

## 三、有性系品种

随着农业生产的高度集约化经营，在育种过程中过分追求短期效益及野生资源的迅速丧失，使作物育种基础群体越来越单一和狭窄，造成种质资源贫乏和选用品种的遗传脆弱性。1974年，Lonquist 等提出应用具有不同特性的品种杂交，后代作为种质改良的基础群体，即杂种优势群，其效果优于单个品种群体。茶树杂种优势利用其中一个重要的途径是双无性系杂交。这种具有显著杂种优势的有性群体除了在育种学上有着十分重要的意义，在茶叶生产上也表现突出。印度尼西亚茶农的种植实践证明，一些优良品种的茶籽和无性系良种一样好。

从经科学选择的无性繁殖系组合的杂交中利用其杂种优势，可选育出具有无性系优点（发芽整齐、叶片表型性状一致），又同时具有实生苗优点（经济有效年龄长、衰老周期长、抗寒抗旱能力强、根系扎得深等特点）的品种直接应用于生产（图1-1）。

以采种园的形式，将优选的无性系作为母本，与不同无性系父本杂交，以培养双杂交生长势旺盛的形态学上均匀的有性繁殖系的种子，获得双无性系后代，这种"无—有"性系遗传传递方式所产生的新群体，叫双无性系品种，属于有性系品种。例如，印度托克莱茶叶试验站于1936年开始从中国、阿萨姆和印支3个主要变种中选出300多个品种（系）进行了大量杂交，从双无性系杂交后代中选育出24个有性系品种在生产上进行推广。

A 1年生扦插苗和实生苗根系比较          B 2年生扦插苗和实生苗根系比较

图1-1  扦插苗和实生苗根系比较
（注：A、B两图中，A左B左为扦插苗，A右B右为实生苗）

### （一）双无性系品种特性

1.**个体间遗传信息丰富**。双无性系品种种子因为发生了两性细胞结合而实现基因重组，群体内个体间遗传信息丰富，个体间品质成分差异大，是大自然天然品质拼配群体，有着丰富的生产加工优质茶叶的物质基础。湖南涟源茶场将涟茶2号、涟茶5号、涟茶7号3个品系鲜叶搭配混制的红碎茶，比单一品系加工的品质好，这个实践证明双无性系品种在生产中应用前景好。

2.**母本遗传效应强**。据湖南省茶叶研究所对8个无性系品种的研究，不同母本品种与自然杂种在形态特征、经济性状的遗传关系上虽然表现不同，但整体是趋于母本的。

形态特征：知母本自然杂种的变异，可分为近似母本、半近似母本和异母本3种类型，其出现的频率随母本有所不同，但大多数是趋向于母本（表1-6）。叶部特征如叶幅、叶端、侧脉和叶型的$R$值（叶长/叶中幅），花部特征如花柱长、柱头分枝长（裂位高低），发芽早晚（萌展值）等，在母、子代间的相关系数一般是密切的，母本对这些性状具有较强的遗传力。

经济性状：就丰产性能、萌发早晚和鲜叶品质3个方面来看，母本与自然杂种的关系密切（表1-7）。丰产的母本，其自然杂种一般是丰产的；母本具有重而大的芽叶，一般也能在自然杂种得到显现；母本萌发的早晚，自然杂种有很强的遗传力；茶叶的花青素是一种母性遗传力很强的性状，且在自然杂种似乎比母本有所发展。

表1-6 不同品种母本及其自然杂种性状间的相关性

| 项　目 | | 长波绿 | 晚来春 | 高桥早 | 大尖叶 | 湘波绿 | 上紫种 | 阔叶藤茶 | 大蓬茶 | 相关系数（r） |
|---|---|---|---|---|---|---|---|---|---|---|
| 叶中幅（cm） | 母 | 3.4 | 3.9 | 3.3 | 3.4 | 4.1 | 3.4 | 3.6 | 3.9 | 0.81 |
| | 子 | 3.5 | 3.9 | 3.4 | 3.5 | 3.8 | 3.6 | 3.7 | 3.6 | |
| 叶基幅（cm） | 母 | 2.9 | 3.2 | 2.8 | 2.6 | 3.3 | 2.7 | 2.9 | 3.1 | 0.73 |
| | 子 | 2.8 | 3.2 | 2.7 | 2.8 | 3.0 | 2.8 | 3.0 | 2.9 | |
| 叶端幅（cm） | 母 | 2.8 | 3.1 | 2.5 | 2.4 | 3.3 | 2.7 | 2.8 | 3.0 | 0.64 |
| | 子 | 2.8 | 3.1 | 2.7 | 2.7 | 2.9 | 2.9 | 3.0 | 2.8 | |
| 叶型的R值 | 母 | 2.6 | 2.1 | 2.6 | 3.0 | 2.0 | 2.4 | 2.2 | 2.1 | 0.74 |
| | 子 | 2.6 | 2.3 | 2.3 | 2.5 | 2.1 | 2.3 | 2.3 | 2.3 | |
| 叶侧脉（对） | 母 | 8.7 | 6.7 | 7.0 | 8.8 | 7.8 | 6.7 | 7.1 | 7.0 | 0.83 |
| | 子 | 7.9 | 7.5 | 6.8 | 7.6 | 7.4 | 7.3 | 7.5 | 7.2 | |
| 花柱长（mm） | 母 | 5.1 | 6.8 | 9.8 | 8.0 | 7.1 | 7.8 | 5.6 | 0.0 | 0.83 |
| | 子 | 5.6 | 4.4 | 9.0 | 8.2 | 7.0 | 6.4 | 6.8 | 2.3 | |
| 柱头分枝长（mm） | 母 | 6.0 | 4.3 | 3.1 | 3.9 | 2.5 | 4.0 | 3.5 | 10.7 | 0.90 |
| | 子 | 5.4 | 6.4 | 3.0 | 3.0 | 4.1 | 4.8 | 4.0 | 9.5 | |
| 萌展值（4月1日测） | 母 | 2.5 | 0.1 | 5.0 | 2.5 | 2.6 | 2.6 | 1.4 | 2.5 | 0.90 |
| | 子 | 2.4 | 1.5 | 4.9 | 2.2 | 3.0 | 2.5 | 2.6 | 2.5 | |
| 多酚类（%） | 母 | 28.81 | 22.02 | 22.87 | 24.08 | 19.04 | 19.27 | 25.20 | 27.72 | 0.52 |
| | 子 | 27.70 | 25.19 | 25.73 | 25.65 | 22.37 | 23.97 | 25.20 | 22.97 | |

注：叶中幅指叶长的1/2处，叶基幅指叶基至中幅的1/2处，叶端幅指叶尖至中幅1/2处；萌展值是以未萌动、萌动、一芽一叶、一芽二叶……分别记为0，1，2，3…，通过多点调查，用算术平均法求得，$S=\sum(t*n)/m$，其中 $S$ 为萌展值、$t$ 为芽叶状态、$n$ 为该状态芽叶数、$m$ 为调查总数。资料来源于《茶树的特性与栽培》，上海科学技术出版社。

表1-7 母本与其自然杂种经济性状的关系

| 品　种 | 丰产性能 | | 萌发早晚 | | 芽叶轻重 | | 芽叶花青素含量 | | 多酚类含量高低 | |
|---|---|---|---|---|---|---|---|---|---|---|
| | 母本 | 子代 | 母本 | 子代 | 母本 | 子代 | 母本 | 子代 | 母本 | 子代 |
| 长波绿 | 树姿半开展，分枝适中，丰产 | 中产 | 中稍晚 | 中稍晚 | 中 | 中 | 中 | 重 | 高 | 高 |
| 晚来春 | 树姿半开展，分枝适中，中产 | 中产 | 晚 | 晚 | 中 | 中 | 轻 | 中 | 中 | 中 |
| 高脚早 | 树姿半开展，分枝适中，中产 | 丰产 | 早 | 早 | 中 | 中 | 轻 | 重 | 中 | 中 |
| 大尖叶 | 树姿半开展，分枝适中，中产 | 低产 | 中稍晚 | 中 | 中 | 中 | 轻 | 中 | 中 | 中 |

（续）

| 品　种 | 丰产性能 | | 萌发早晚 | | 芽叶轻重 | | 芽叶花青素含量 | | 多酚类含量高低 | |
|---|---|---|---|---|---|---|---|---|---|---|
| | 母本 | 子代 | 母本 | 子代 | 母本 | 子代 | 母本 | 子代 | 母本 | 子代 |
| 湘波绿 | 树姿半开展，分枝适中，丰产 | 丰产 | 中 | 中稍早 | 重 | 重 | 轻 | 轻 | 低 | 中 |
| 上紫种 | 树姿半开展，分枝适中，中产 | 低产 | 中偏晚 | 中偏晚 | 重 | 重 | 重 | 重 | 低 | 中 |
| 阔叶藤茶 | 树姿半开展，分枝适中，中产 | 低产 | 中偏晚 | 晚 | 重 | 重 | 中 | 重 | 中 | 中 |
| 大蓬茶 | 树姿半开展，分枝适中，丰产 | 丰产 | 中偏早 | 中偏早 | 轻 | 中 | 轻 | 中 | 高 | 中 |

　　湖南省茶叶研究所对从槠叶齐、碧香早、高芽齐等良种的自然杂交种后代中选育的2011-15-3等4个茶树新品种（系）亲缘关系的EST-SSR分析结果亦表明，槠叶齐、碧香早、高芽齐等品种母性遗传能力都很强，其自然杂交后代与其相似系数值分别达0.84、0.79、0.79、0.78。

## （二）双无性系品种采种园

　　受精选择性是生物界的普遍规律，根据这一原理，在育种工作中常采用自由授粉方式进行杂交。一般自由授粉的方法是首先按照育种目标选择开花期相近的亲本，将父母本植株间隔种植，因为茶树自交结实率很低，所以不必去雄。但为了防止其他品种花粉混杂，应采取适当的隔离措施，如种植隔离带等。经科学选配父母本间隔种植、自由授粉所产生的杂种，具有旺盛的生命力和较强的抗性，经表型性状一致性鉴定后可以直接应用于生产。为保证双无性系品种种子生产质量和数量，需建立专用采种园。

　　茶树采种园分为兼用采种园和专用采种园，其中兼用采种园的建立和管理同采叶茶园。专用采种园因要求茶籽产量高、种子质量好、后代性状比较稳定及一致等，因此，在有条件的地方，应有计划地建立专用采种园，作为长期繁育良种的基地之一；对现有茶区，育成良种纯度高、品种单一的地方，也可以划区建立采种园。建立采种园应注意以下几个环节：

　　1.适宜品种。为了保证双无性系品种纯度和推广价值，一般选择适宜于推广地区种植的无性繁殖系良种，其结实力要高，品种母性遗传力要强，有性后代纯度相对一致，分离度小，否则不宜采用。采种园的建立在前一年秋冬季或当年春季做好准备，选择生长健壮、分枝均匀的青壮年（10～20年树龄）茶树，剪除老、弱、病、虫枝和徒长枝，并增施磷钾肥，以提高开花结实力。授粉树必须选用优良品种，而且花期要相遇，同时其优良性状应对采种树有利，后代表现相对一致。不同品种，开花时间和盛花期的延续时间有较大差异（表1-8）。

表1-8　湖南主栽茶树良种盛花期
（李赛君，2019）

| 品　种 | 审定（登记） | 盛花期 |
|---|---|---|
| 保靖黄金茶1号 | 湖南省级良种（XPD 005—2013） | 10月上旬至下旬 |
| 福鼎大白茶 | 国家级良种（GS 13001—1985） | 10月中旬至11月中旬 |
| 白毫早 | 国家级良种（GS 13017—1994） | 10月中上旬至11月中上旬 |
| 安徽1号 | 国家级良种（GS 13036—1987） | 10月下旬至11月下旬 |
| 铁观音 | 国家级良种（GS 13007—1985） | 11月上旬至12月上旬 |
| 碧香早 | 湖南省级良种（审证字第131号） | 10月中旬至11月下旬 |
| 金萱（台茶12号） | 台湾引进品种 | 10月中下旬至11月中下旬 |

注：盛花期调查地点为湖南省长沙县高桥镇。

茶树开花的次序一般是着生在树冠东南面的比西北面的先开，短枝上的花比长枝上的先开，同一枝条上的是中部的先开，然后是上下部的开放，先开放的生活力强、结实率高。雌蕊于10～11月完成受精过程，受精后不久，花冠、雄蕊与花基部分离并脱落，柱头和花柱变成棕色，干枯而不脱落，受精卵分化多在翌年3～5月进行，萼片紧紧地把已受精的子房包裹起来，子房便开始发育。如遇低温寒冷时，子房进入休眠状态，休眠时间长短根据开花期的迟早，有3～5个月不等。没有受精的子房，开花后2～3d即自行脱落。不同品种结实率不同（表1-9）。

表1-9　不同茶树品种结实率比较

| 结实率 | 品　种 | 平均产果量（kg/株） | 结实率的相对百分率（%） |
|---|---|---|---|
| 强 | 水古茶 | 1.44 | 164.3 |
| | 乌牛早 | 1.40 | 160.1 |
| 中等 | 福鼎大白茶 | 0.88 | 100.0 |
| | 浙农21 | 0.79 | 69.7 |

（续）

| 结实率 | 品　种 | 平均产果量（kg/株） | 结实率的相对百分率（%） |
|---|---|---|---|
| 弱 | 浙农12 | 0.11 | 12.4 |
| | 乌龙 | 0.02 | 1.7 |
| 无 | 政和大白茶 | 0.00 | 0.0 |
| | 水仙 | 0.00 | 0.0 |

注：1. 以福鼎大白茶结实率为100%计算；2. 资料来源于《中国茶树栽培学》，上海科学技术出版社。

　　**2.适宜地点。**为了防止与其他品种花粉混杂，采种园必须具备良好的隔离条件，如利用地形、地势与种植防护林带等均能达到隔离的效果。采种园的位置应选择避风向阳，土质肥沃，土层深厚且不易受旱的缓坡地段，以利于提高结实率。

　　**3.适宜密度。**为使茶树有利于生殖生长，增加授粉机会，提高结实率，采种园茶树的种植密度应低于采叶茶园，且应保持一定的行间距，以利通风透光。但为保证单位面积种子产量，行株距要适中（图1-2）。

图 1-2　有性系品种采种园（适宜的密度）

　　**4.合理施肥。**采种园在培养母树具有一定骨架和树冠的基础上，主要是通过施肥来促进生殖生长，控制营养生长。由于成年的采种园，每年开花结果要消耗很多养分，成年后的采种茶园施肥多少，与母树孕蕾结实的关系很密切，多施肥料能增产茶籽。采种茶园施肥应有机肥和矿物质肥相结合，氮、磷、钾三要素中，除氮肥外，还需增施较多的磷钾肥，氮、磷、钾的比例应接近1∶1∶1为宜，茶籽产量高且质量好。根据茶果发育过程，于5月中下旬，在保证茶叶产量施足含氮化肥的基础上，增施磷、钾肥，有利于茶果的发育（表1-10）。

表1-10　磷钾肥与茶籽产量的关系

| 项目 | 普通施肥 | | | | 普通施肥加磷钾肥 | | | |
|---|---|---|---|---|---|---|---|---|
| | 采春夏秋茶 | 采春夏茶 | 不采茶 | 平均 | 采春夏秋茶 | 采春夏茶 | 不采茶 | 平均 |
| 种子（kg/亩） | 69.15 | 89.25 | 224.45 | 127.6 | 65.1 | 164.8 | 323.2 | 184.05 |
| 产量（%） | 100 | 129.4 | 325.3 | — | 100 | 253.5 | 497.5 | — |

注：资料来源于《中国茶树栽培学》，上海科学技术出版社。

**5.合理采摘。** 留种茶园，春季萌发生长的枝梢，如不采摘则枝梢上发生的花果量多。当春梢上分化的花芽开花时，气温、昆虫活动都有利于结实率的提高。留种茶园可考虑在春茶的后期与夏茶的前期留叶采摘，以提高茶树开花结实量。花芽多发生在当年生枝条上，花芽分化早，开花量大，结实率高。6月开始分化的花芽，到7月下旬至8月上旬就可以看到直径2～3mm的花蕾，花蕾膨大呈现白色到始花初开需5～28d，平均约为15d。由初开到全开需要1～7d。

**6.辅助授粉。** 茶树授粉最适宜的温度和湿度分别为18～20℃和60%～70%。每天开花的时间从早晨6～7时开始，慢慢增多，11～13时是开花高峰，午后慢慢减少。茶树是虫媒植物，主要传粉昆虫有蜜蜂和蝇类等，对于以采种为目的的采种园，为增加授粉机会，提高结实率，可以通过放养蜜蜂及增施磷、钾肥等措施。但茶树盛花期在10～12月，传粉媒介不足，若遇低温阴雨天气不利虫媒活动则影响传粉受精，此时可以考虑采取人工辅助授粉。辅助授粉工具有绳子、PUV塑料软管、竹竿等。

研究表明，随着授粉次数的增加茶籽产量会提高，效果以授粉次数4～8次最好，种子递增率为63%～78%（表1-11）。

湖南省茶叶研究所通过10余年的连续筛选鉴定，选育出S-4、S-6、S-8等3个双无性系品种，并在湘中、湘北、湘西、湘南等4个地区分别布置适应性试验，鉴定其出苗率、生长势、抗旱抗寒能力等。结果表明，3个双无性系品种的出苗率、生长势、适应性均较对照品种保靖黄金茶1号（亲本之一）优，种植在吉首的S-6出苗率最高，达96.61%（图1-3）。

基因型的高度杂合性和表现型的整齐一致性是构成强优势双无性系品种的基本条件，但直接利用双无性系品种前必须先鉴定其田间表型纯度及适应性。

表1-11　辅助授粉次数与茶籽增产率的关系

| 授粉次数 | 1 | 2 | 3 | 4 | 5 | 6 | 7 | 8 | 9 | 10 |
|---|---|---|---|---|---|---|---|---|---|---|
| 茶籽增产率（%） | 40 | 46 | 53 | 63 | 67 | 73 | 71 | 78 | 72 | 86 |

注：资料来源于K.E.巴赫达兹，《茶树生物学原理》，1977年。

图 1-3　双无性系品种 S-6 种植试验（2018 年湘西吉首）

## 附：湖南主栽品种

**1.碧香早**[*Camellia sinensis*（L.）O.Kuntze cv. *Bixiangzao*]：选育代号79-30-1，无性系，灌木型，中叶类，早生种。

**来源与分布：** 由湖南省茶叶研究所以福鼎大白茶为母本、云南大叶茶为父本，采用杂交育种方法育成。湖南茶区有较大面积栽培，江西、湖北、河南、安徽等省有较大面积引种。1993年，湖南省农作物品种审定委员会认定为省级良种。

**特征：** 灌木型，树姿半开张。叶片呈稍上斜状着生，中叶类，长椭圆形，叶色绿，叶面隆起，叶身稍内折，叶尖渐尖，叶脉10对。花冠直径3.5cm左右，花瓣白色，5～7枚，子房茸毛中等，花柱3裂。

**特性：** 一芽一叶期比福鼎大白茶早2d，属于早生种。芽叶生育力强，浅绿色，茸毛多，一芽二叶百芽重18.1g。生长势强，产量高，3～8龄茶园连续6年平均每亩产鲜叶848.5kg。1987—1990年连续4年制蒸青样，春茶一芽二叶含茶多酚25.5%、氨基酸3.8%、水浸出物40.6%；夏茶一芽二叶含茶多酚35.4%、氨基酸1.4%、水浸出物47.0%。适制绿茶、红茶，制绿茶翠绿显毫，栗香高长，滋味鲜爽；制红碎茶汤色红浓，带花香，内质达三套样以上水平。抗寒、抗旱性强。扦插繁殖力强。

**适栽地区：** 长江中下游茶区。

**栽培要点：** 宜采用1.40m×0.30m单行双株或1.50m×0.33m×0.33m双行双株种植。3次定型修剪高度分别为15cm、30cm、40～50cm。适时、分批采摘（图1-4、图1-5）。

图1-4 碧香早芽叶

图1-5 碧香早生产茶园

**2.楮叶齐**[*Camellia sinensis*（L.）O.Kuntze cv. *Zhuyeqi*]：无性系，灌木型，中叶类，中生种。

**来源与分布：**由湖南省茶叶研究所从安化群体中采用单株育种法育成。湖南、湖北、四川茶区有较大面积栽培。云南、贵州、福建、浙江等省有少量引种。1987年，全国农作物品种审定委员会认定为国家品种，编号GS 13036—1987。

**特征：**植株较高大，基部主干较明显，树姿半开张，分枝部位较高，叶片上斜状着生，叶色绿或黄绿，富光泽，叶片平或微隆，叶身平或稍内折，叶尖渐尖，叶齿细浅。花冠直径3.1cm，花瓣7枚，子房茸毛中等，花柱3裂。

**特性：**原产地一芽三叶期在4月上旬。芽叶生育力和持嫩性强，绿色或黄绿色，肥壮，茸毛中等，一芽二叶百芽重22.0g。春茶一芽二叶干样约含氨基酸4.4%、茶多酚17.8%、水浸出物40.4%、咖啡碱4.1%。产量高，每亩可达214kg。适制红茶、绿茶，品质优良。制绿茶，外形绿润，汤色绿明，叶底嫩绿，香味高醇，尤其适合制作高桥银峰；制红碎茶可达到二套样标准。抗寒性较强。扦插繁殖力强。

**适栽地区：**长江南北红茶、绿茶茶区。

**栽培要点：**宜采用1.40m×0.30m单行双株或1.50m×0.33m×0.33m双行双株种植。3次定型修剪高度分别为15cm、30cm、40～50cm。适时、分批及时采摘（图1-6、图1-7）。

图 1-6　楮叶齐芽叶

图 1-7　楮叶齐生产茶园

**3.保靖黄金茶1号**[Camellia sinensis（L.）O.Kuntze cv. Baojinghuangjincha 1]：无性系，灌木型，中叶类，特早生种。

**来源与分布：**由湖南省茶叶研究所、保靖县农业局从保靖黄金茶群体中采用单株育种法育成。2010年，湖南省农作物品种审定委员会认定为省级品种。

**特征：**植株属灌木型，中叶类，特早生种。分枝角度50.2°±1.3°，树姿半开展，分枝密度中等；成熟叶片长11.6cm，宽3.7cm，叶面积30.0cm²，长宽比为3.14，叶片呈长椭圆形，叶色绿，叶面半隆起有光泽，叶身稍背卷，叶质柔软，叶尖渐尖，叶脉12对，锯齿33对，叶片半上斜着生（73.1°±2.4°）；芽叶黄绿色，茸毛中等，新梢持嫩性强。

**特性：**春茶营养芽萌发特早，在湘西土家族苗族自治州保靖县春茶一芽一叶期为2月下旬至3月上旬，育芽能力强。生化成分丰富，氨基酸含量高。春季水浸出物41.04%，氨基酸7.47%，茶多酚18.40%，咖啡碱4.29%。制绿茶品质优，适制毛尖、高档名优绿茶，特别是外形色泽绿翠有毫，汤色黄绿亮，香气清香高长，滋味鲜嫩醇爽，叶底嫩匀绿亮。产量高，保靖黄金茶1号比福鼎大白茶增产24.45%。抗寒、抗旱性较强，抗病虫性亦较强。

**适栽地区：**湖南茶区。

**栽培要点：**宜选择土壤深厚、有机质多、生态环境良好的地块种植，注意加强幼龄期肥培管理（图1-8、图1-9）。

图1-8 保靖黄金茶1号芽叶 图1-9 保靖黄金茶1号生产茶园

**4.黄金茶2号**[*Camellia sinensis*（L.）O.Kuntze cv. *Huangjincha 2*]：无性系，灌木型，中叶类，特早生种。

**来源与分布：**由湖南省茶叶研究所、保靖县农业局从保靖黄金茶群体中采用单株育种法育成。2012年，湖南省农作物品种审定委员会认定为省级品种。

**特征：**植株属灌木型，中叶类，特早生种。树姿半开展，分枝密度中等，分枝角度43.7°±6.8°。叶长9.5cm±1.6cm，叶宽3.2cm±0.5cm，叶面积30.2cm$^2$±9.9cm$^2$，叶片半上斜着生（46.4°±8.0°），呈长椭圆形，叶色绿，叶面半隆起有光泽，叶身稍背卷，叶质柔软，叶尖渐尖，叶脉14.9对±1.8对，锯齿34.8对±3.3对。芽叶绿色，茸毛中等，持嫩性强。

**特性：**春茶营养芽萌发特早，育芽能力强。生化成分丰富，氨基酸含量高。春季一芽二叶水浸出物38.59%±2.63%，氨基酸5.44%±0.42%，茶多酚17.45%±3.09%，咖啡碱3.85%±0.73%。制绿茶品质优，适制高档名优绿茶，特别是外形色泽翠绿带毫，汤色绿亮，香气嫩香清鲜持久，滋味醇爽较鲜，叶底嫩匀绿亮。产量高，与福鼎大白茶相当。抗寒、抗旱性、抗病虫性均较强。

**适栽地区：**湖南茶区。

**栽培要点：**宜选择土壤深厚、有机质多、生态环境良好的地块种植，注意加强幼龄期肥培管理（图1-10、图1-11）。

图1-10　黄金茶2号芽叶

图1-11　黄金茶2号生产茶园（刘振供图）

**5.黄金茶168号**[*Camellia sinensis*（L.）O.Kuntze cv. *Huangjincha 168*]：无性系，灌木型，中叶类，特早生种。

**来源与分布：**由湖南省茶叶研究所、保靖县农业局从保靖黄金茶群体中采用单株育种法育成。2015年，湖南省农作物品种审定委员会认定为省级品种。

**特征：**植株属灌木型、中叶类、特早生种，与福鼎大白茶比一芽一叶期平均早14.7d，一芽二叶期平均早14d，一芽三叶期平均早13.7d。分枝角度36.1°±5.0°，树姿半开展，分枝密度中等；芽叶绿色，茸毛中等，新梢持嫩性强，一芽二叶百芽重40.6g±3.0g；叶片近水平着生（46.0°±7.9°），成熟叶片长12.2cm±1.6cm，宽3.9cm±0.42cm，叶面积33.6cm²±8.2cm²，R值为3.2±0.2；叶片呈长椭圆形，叶色绿，叶面隆起有光泽，叶身背卷，叶质柔软，叶尖钝尖，叶脉13.1对±1.4对，锯齿35.5对±3.9对。

**特性：**生化成分丰富，春季第一轮一芽一叶水浸出物38.42%，氨基酸4.86%，茶多酚18.73%，咖啡碱4.08%。制绿茶品质优，适制毛尖、高档名优绿茶，特别是外形色泽绿翠有毫，汤色黄绿亮，香气清香高长，滋味鲜嫩醇爽，叶底嫩匀绿亮。产量高，比福鼎大白茶增产17.96%。抗寒、抗旱性、抗病虫性均较强。

**适栽地区：**湖南茶区。

**栽培要点：**宜选择土壤深厚、有机质多、生态环境良好的地块种植，注意加强幼龄期肥培管理（图1-12、图1-13）。

图1-12 黄金茶168号芽叶　　　图1-13 黄金茶168号生产茶园（刘振供图）

**6.茗丰**[*Camellia sinensis*（L.）O.Kuntze cv. *Mingfeng*]：选育代号79-30-2，无性系，灌木型，中叶类，中生种。

**来源与分布：**由湖南省茶叶研究所以福鼎大白茶为母本、云南大叶茶为父本，采用杂交育种方法育成。湖南茶区有较大面积栽培，江西、湖北、河南、安徽等省有较大面积引种。1994年，湖南省农作物品种审定委员会认定为省级良种。

特征：灌木型，树姿半开张。叶片呈稍上斜状着生，中叶类，长椭圆形，叶色绿，叶面平或微隆，叶身平或稍内折，叶尖渐尖，叶齿浅，叶脉9对。花冠直径3.75cm左右，花瓣6～8枚，子房茸毛中等，花柱3裂。

特性：一芽一叶期比福鼎大白茶迟4～5d，属于中生种。芽叶生育力强，绿色或黄绿色，肥壮，茸毛较多，持嫩性较强，一芽二叶百芽重16.3g。生长势强，产量高，3～8龄连续6年平均每亩产鲜叶895.6kg。1987—1990年连续4年制蒸青样，春茶一芽二叶含茶多酚28.4%、氨基酸3.2%、水浸出物41.7%；夏茶一芽二叶含茶多酚33.6%、氨基酸1.7%、水浸出物47.0%。属红茶、绿茶兼用型品种，制绿茶色翠绿有毫，清香持久，品质优良；制红碎茶色黑尚润，香气鲜尚浓，滋味鲜较浓，达三套样水平。抗寒、抗旱和适应性强。扦插繁殖力强。

适栽地区：江南、江北茶区。

栽培要点：宜采用1.40m×0.30m单行双株或1.50m×0.33m×0.33m双行双株种植。3次定型修剪高度分别为15cm、30cm、40～50cm。适时、分批采摘。该品种耐瘠、耐肥水，高肥水平下更能发挥其增产潜力（图1-14、图1-15）。

图 1-14　茗丰芽叶　　　　　　　图 1-15　茗丰生产茶园

**7.湘茶研8号**[*Camellia sinensis* var.assamica（Masters）Kitamura cv. *Xiangchayan8*]：又名潇湘红21-3，小乔木，中叶类，中生种。

来源与分布：湖南省茶叶研究所从江华苦茶群体种中，采用单株选择法培育而成。

特征：小乔木，树姿半开张。成叶呈略上斜状着生，叶片黄绿发亮，平展富光泽，长椭圆形，叶长11.02cm，叶宽4.06cm，长宽比2.72，叶面积31.32cm$^2$。

叶质柔软，持嫩性强，芽叶少茸毛。叶尖渐尖延长，侧脉平均8.4对，锯齿稀而较深，平均26.3对，排列较均匀。

**特性：** 在长沙地区一芽一叶期在4月初，一芽二叶在4月中旬，比槠叶齐迟3～4d。内含物丰富，尤其是茶多酚含量高，夏季达39.63%。制红茶品质优异，制红条茶外形色泽棕润，香气高，汤色红亮，滋味浓纯鲜爽，叶底红明；制红碎茶达二套样水平。产量高，成龄茶园每亩可产鲜叶1 000kg左右。抗寒性强。

**适栽地区：** 长江中下游茶区、华南茶区和西南茶区大叶红茶区。

**栽培要点：** 适当密植（采用双行双株：1.5m×0.33m×0.33m），幼龄茶园加强肥培管理。

1987—1994年，潇湘红21-3通过全国区试后先后推广到湖北省农业科学院果树茶叶研究所、广西桂林茶叶科学研究所、安徽农业大学、浙江农业大学、安徽东至茶树良种示范场、湖北羊楼洞茶场及湖南省郴州茶树良种示范场、长沙县金井茶场、长沙县春华山茶场、长沙县双江茶场、桃沅县太平铺茶场、安化县仙溪茶场生产试种，各试种单位均反映制红茶品质优，抗寒性强，产量高（图1-16 、图1-17）。

图 1-16 湘茶研 8 号芽叶

图 1-17 湘茶研 8 号生产茶园

**8. 湘红3号**[*Camellia sinensis* var. assamica（Masters）Kitamura cv. *Xianghong 3*]：原名江华苦茶21-1，又名潇湘红21-1，小乔木，中叶类，中生种。

**来源与分布：** 湖南省茶叶研究所从江华苦茶群体种中，采用单株选择法培育而成。2019年，登记为国家级良种［GPD茶树（2019）430028］。

**特征：** 小乔木，树姿半开张。成叶呈略上斜状着生，叶片深绿发亮，平展富光泽、长椭圆形，叶长8.57cm，叶宽3.49cm，长宽比2.46，叶面积20.94cm²。叶质柔软，芽叶黄绿色，少茸毛。叶尖渐尖延长，侧脉平均7.5对，锯齿细密较浅，平均32.8对，排列较均匀。

**特性**：在长沙地区一芽一叶期在4月初，一芽二叶在4月中旬，比槠叶齐迟3～4d，分枝能力强。内含物丰富，春季红茶、绿茶主要品质成分含量分别为水浸出物38.26%、44.22%，茶多酚19.40%、30.38%，游离氨基酸5.01%、5.04%，咖啡碱5.11%、5.09%；红茶、绿茶中咖啡碱含量均高达5%以上，属于高咖啡碱优异茶树资源。绿茶儿茶素品质指数高于福鼎大白茶，红茶的茶红素与茶黄素的比值为11.2，茶黄素和茶红素比例优。制红茶、绿茶品质兼优，尤以红茶品质突出，冷后浑明显，乳状络合物呈橙黄色。产量高，比对照槠叶齐高48.9%。抗寒、抗旱、抗病虫能力均较强。

**适栽地区**：长江中下游茶区、华南茶区和西南茶区大叶红茶区。

**栽培要点**：适当密植（采用双行双株：1.5m×0.33m×0.33m），幼龄茶园加强肥培管理（图1-18～图1-21）。

图1-18 湘红3号芽叶    图1-19 湘红3号生产茶园

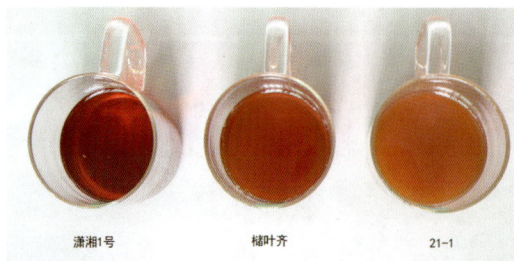

图1-20 湘红3号冷后浑现象    图1-21 湘茶研8号与湘红3号芽叶比较

**9.白毫早**[*Camellia sinensis*（L.）O.Kuntze cv. *Baihaozao*]：无性系，灌木型，中叶类，特早生种。

**来源与分布：** 由湖南省茶叶研究所从安化群体中，采用单株育种法育成。广西、贵州、四川、湖南、湖北、河南等省份均有引种。1987年，全国农作物品种审定委员会认定为国家品种，编号GS 13017－1994。

**特征：** 树姿半开张，分枝部位较高，叶片斜着生，叶身微内折，叶面平滑，叶尖渐尖，花冠直径2.7～2.9cm，花瓣白色，6～8枚，花萼无茸毛，柱头2～4裂，雌蕊高于雄蕊，结实性弱，种子百粒重150g，种径2.5～3.5cm。

**特性：** 特早生种，原产地一芽三叶期在3月下旬至4月上旬。芽叶生育力较强，绿色，茸毛特多，一芽二叶百芽重21.2g。春茶一芽二叶干样约含氨基酸5.2%、茶多酚18.6%、水浸出物49.6%、咖啡碱3.6%。产量高，每亩可达190～230kg。适制绿茶，品质优良。制绿茶条索紧细，茸毛满披，滋味醇厚，叶底黄嫩，尤宜制白毫银针、高桥银峰等。抗旱性特别强。

**适栽地区：** 长江南北绿茶茶区。

**栽培要点：** 宜采用1.40m×0.30m单行双株或1.50m×0.33m×0.33m双行双株种植。3次定型修剪高度分别为15cm、30cm、40～50cm。适时分批及时采摘（图1-22、图1-23）。

图 1-22 白毫早芽叶

图 1-23 白毫早生产茶园

**10.玉笋**[*Camellia sinensis*（L.）O.Kuntze cv. *Yusun*]：选育代号81-8-65，无性系，灌木型，中叶类，早生种。

**来源与分布：**由湖南省茶叶研究所以日本薮北种为母本，福鼎大白茶、楮叶齐、湘波绿和龙井43等优良品种的混合花粉为父本，采用杂交育种方法育成。湖南茶区有较大面积栽培。2009年，湖南省农作物品种审定委员会认定为省级良种。

**特征：**灌木型，树姿半开张，分枝较密。叶片呈稍上斜状着生，中叶类，椭圆形，叶色绿，叶面平，叶缘平，叶尖渐尖，叶质较厚软，叶脉11对。花瓣白色，5枚，萼片5枚，花柱3裂。

**特性：**一芽一叶期与福鼎大白茶相当，属早生种。芽叶生育力和持嫩性强，浅绿色，茸毛较多，一芽二叶百芽重20.3g。产量高，4～6龄茶园仅春季每亩可产鲜叶1 030kg。1999、2003和2004年3年制蒸青样，春茶一芽二叶含茶多酚30.4%、氨基酸4.2%、水浸出物44.2%。适制绿茶，色泽翠绿，紧细有毫，汤色明亮，香气高长，滋味醇厚鲜爽，叶底嫩绿明亮，具有高档绿茶"三绿"特征，即成茶色泽绿、汤色绿、叶底绿。抗寒、抗旱性较强，抗瘿螨较弱。

**适栽地区：**江南茶区。

**栽培要点：**宜采用1.50m×0.33m×0.33m双行双株或双行单株。双行双株每亩栽5 500～6 000株，茶园成园快；双行单株每亩栽2 500～3 000株，茶园成园稍慢（图1-24、图1-25）。

图 1-24　玉笋芽叶

图 1-25　玉笋生产茶园

**11.玉绿**[*Camellia sinensis*（L.）O.Kuntze cv. *Yulv*]：选育代号81-8-30，无性系，灌木型，中叶类，早生种。

**来源与分布**：由湖南省茶叶研究所以日本薮北种为母本，福鼎大白茶、楮叶齐、湘波绿和龙井43等优良品种的混合花粉为父本，采用杂交育种方法育成。湖南、湖北茶区有较大面积栽培，四川、河南等省有引种。2010年，全国茶树品种鉴定委员会鉴定为国家级良种。

**特征**：灌木型，树姿半开张，分枝较密。叶片呈稍上斜状着生，中叶类，长椭圆形，叶色黄绿，叶面平，叶身内折，叶尖渐尖，叶质柔软，叶脉10对。花瓣白色，4～6枚，子房茸毛中等，花柱3裂。

**特性**：一芽一叶期与福鼎大白茶相当，属早生种。芽叶生育力较强，绿色或黄绿色，肥壮，茸毛中等，持嫩性强，一芽三叶百芽重130.0g。产量高，4～6龄茶园连续3年平均每亩产鲜叶584.7kg。1990、2002和2003年3年制蒸青样，春茶一芽二叶含茶多酚30.9%、氨基酸3.7%、水浸出物44.4%。适制绿茶，品质优，尤宜制毛尖、高档名优绿茶，具有"三绿"特征，特别是滋味醇爽度好。抗寒、抗旱、抗病虫性均较强。

**适栽地区**：湖南、湖北、四川茶区。

**栽培要点**：宜选择土壤湿度较高，土层深厚肥沃的地块种植。宜采用单行双株种植或双行双株规格种植，3次定剪，分批留叶采摘，采养结合（图1-26 、图1-27）。

图 1-26　玉绿芽叶

图 1-27　玉绿生产茶园

**12.潇湘1号**[*Camellia sinensis*（L.）O.Kuntze cv. *Xiaoxiang1*]：选育代号80-53-34，无性系，灌木型，大叶类，中生种。

**来源与分布：**由湖南省茶叶研究所以湘波绿为母本，四川古蔺牛皮茶、高芽齐、雨前大芽、云大72-04等4个品种混合花粉为父本，采用杂交育种方法育成。湖南茶区有较大面积栽培，安徽等省有引种。2016年，湖南省农作物品种审定委员会认定为省级良种。

**特征：**灌木型，树姿开张，分枝较稀。叶片呈稍上斜状着生，大叶类，椭圆形，叶色绿，叶面微隆，叶身平，叶尖渐尖，叶质柔软，叶脉10对。

**特性：**一芽一叶期比福鼎大白茶晚5d，属中生种。芽叶生育力较强，黄绿色，茸毛中等，肥壮，持嫩性强，一芽二叶百芽重53.14g。产量高，4～8龄茶园平均每亩产鲜叶1 248.2kg。2012—2015年连续4年制蒸青样，春茶一芽二叶含茶多酚28.0%、氨基酸3.8%、水浸出物42.6%。适制绿茶、红茶，制绿茶汤色黄绿明亮，清香持久；尤适制红茶，汤色红亮带艳，花果香高长、持久。抗寒、抗旱、抗病虫能力均较强。

**适栽地区：**湖南茶区。

**栽培要点：**宜选择土壤湿度较高，土层深厚肥沃的地块种植。宜采用单行双株种植或双行双株规格种植，3次定剪，分批留叶采摘，采养结合（图1-28、图1-29）。

图 1-28　潇湘 1 号芽叶

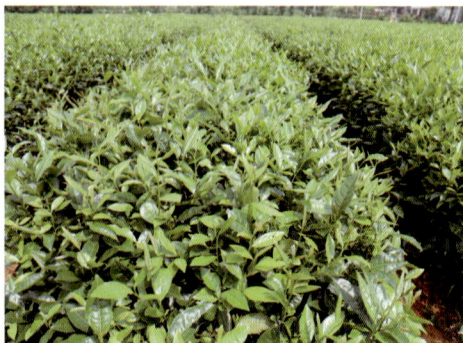

图 1-29　潇湘 1 号生产茶园

**13.湘茶研2号**[*Camellia sinensis*（L.）O.Kuntze cv. *Xiangchayan 2*]：选育代号79-6-16，无性系，小乔木型，中叶类，早生种。

**来源与分布：**由湖南省茶叶研究所以云南大叶茶为母本、福鼎大白茶为父本，采用杂交育种方法育成，主要在湖南茶区栽培。2019年，登记为国家级良种［GPD茶树（2019）430030］。

**特征：**小乔木型，树姿半开张。叶片呈稍上斜状着生，中叶类，长椭圆形，叶色绿，叶面微隆，叶尖渐尖，叶缘平，叶齿锐度中、密度密、深度中，叶基楔形，叶脉9.6对。

**特性：**一芽一叶期比福鼎大白茶早3d，属早生种。芽叶生育力较强，黄绿色，肥壮，茸毛多，一芽二叶长5.8cm，一芽二叶百芽重25.18g。产量高，4～6龄茶园平均每亩产鲜叶925.4kg。1991－1993年连续3年制蒸青样，春茶一芽二叶含茶多酚21.6%、氨基酸3.3%、水浸出物36.9%。适制绿茶、红茶，制烘青绿茶白毫满披，汤色黄绿明亮，香气高长，滋味鲜醇；制红碎茶颗粒紧结尚重实，汤色红亮，香气鲜浓，滋味鲜浓。抗寒、抗旱性均较强。

**适栽地区：**湖南茶区。

**栽培要点：**宜选择土壤湿度较高，土层深厚肥沃的地块种植。宜采用单行双株种植或双行双株规格种植，3次定剪，分批留叶采摘，采养结合（图1-30、图1-31）。

图1-30　湘茶研2号芽叶

图1-31　湘茶研2号生产茶园

**14.湘波绿2号**[*Camellia sinensis*（L.）O.Kuntze cv. *Xiangbolv 2*]：无性系，灌木型，中叶类，早生种。

**来源与分布：**由湖南省茶叶研究所以福鼎大白茶为母本，凤凰水仙、雨前大芽、云大72-04、云大72-05、湘波绿等5个品种混合花粉为父本，采用杂交育种方法育成。湖南长沙、岳阳等有较大面积栽培。2011年，湖南省农作物品种审定委员会认定为省级良种。

**特征：**灌木型，树姿半开张，分枝较密。叶片呈稍上斜状着生，中叶类，长椭圆形，叶色深绿，叶面微隆起，叶身背卷，叶尖渐尖，叶质柔软，叶脉10对。花瓣白色，4～6枚，萼片5枚，花柱3裂。

**特性：**一芽一叶期与福鼎大白茶相当，属早生种。芽叶生育力较强，黄绿色，茸毛多，持嫩性强。一芽二叶百芽重21.2g。成园快，产量高，4～5龄茶园平均每亩可产鲜叶740kg，成龄茶园每亩可产鲜叶1 200kg。2009、2010年连续2年制蒸青样，春茶一芽二叶含茶多酚21.9%、氨基酸4.9%、水浸出物40.6%。适制绿茶，制绿茶，外形翠绿紧细多毫，汤色黄绿明亮，香气清香高长，滋味醇厚鲜爽。抗寒、抗旱、抗病虫性均较强。

**适栽地区：**湖南茶区。

**栽培要点：**宜选择土壤湿度较高、土层深厚肥沃的地块种植，按常规管理茶园（图1-32、图1-33）。

图 1-32　湘波绿 2 号芽叶

图 1-33　湘波绿 2 号生产茶园

**15.尖波黄13号**[*Camellia sinensis*（L.）O.Kuntze cv. *Jianbohuang 13*]：无性系，灌木型，中叶类，早生种。

**来源与分布：**由湖南省茶叶研究所从尖波黄自然杂交后代中，采用单株育种方法育成。湖南茶区有较大面积栽培，江西、湖北、河南、安徽等省有较大面积引种。1994年，全国农作物品种审定委员会审定为国家级良种。

**特征：**灌木型，树姿半开张，分枝密度中等。叶片呈近水平状着生，中叶类，长椭圆形，叶色黄绿，叶面微隆，叶尖尾尖。花冠直径3.6cm左右，花瓣5～8枚，子房茸毛中等，花柱2～4裂。

**特性：**发芽期中生偏早，芽叶生育力强，黄绿色，茸毛较多，一芽三叶长7.0cm，一芽三叶百芽重105.0g。生长势强，产量高，3～8龄连续6年平均每亩产鲜叶1 408.0kg。1985年制蒸青样，春茶一芽二叶含茶多酚32.1%、氨基酸2.8%、水浸出物45.4%；夏茶一芽二叶含茶多酚33.9%、氨基酸1.4%、水浸出物49.2%。适制红茶、绿茶，尤适制红茶。制红碎茶，汤色红浓艳，香气鲜浓，滋味浓强，达二套样水平；制绿茶色泽黄绿稍暗，汤色黄绿清澈，香气鲜纯持久，滋味清浓。抗寒性强。适应性广。扦插繁殖力强。

**适栽地区：**长江南北茶区。

**栽培要点：**宜采用1.40m×0.30m单行双株或1.50m×0.33m×0.33m双行双株种植。3次定型修剪高度分别为15cm、30cm、40～50cm。适时、分批采摘（图1-34、图1-35）。

图1-34 尖波黄13号芽叶

图1-35 尖波黄13号生产茶园

**16.楮叶齐12号**[*Camellia sinensis*（L.）O.Kuntze cv. *Zhuyeqi 12*]：无性系，灌木型，中叶类，中生种。

**来源与分布：**由湖南省茶叶研究所从楮叶齐自然杂交后代中，采用单株育种方法育成。湖南、湖北茶区有较大面积栽培。1994年，全国农作物品种审定委员会审定为国家级良种。

**特征：**灌木型，树姿半开张，分枝较疏。叶片呈稍上斜状着生，中叶类，长椭圆或披针形，叶色绿，叶面隆起，叶尖渐尖。花冠直径3.7cm，花瓣白色，6～8枚，子房茸毛中等，花柱3裂。

**特性：**发芽期比福鼎大白茶迟5～6d，属中生种。芽叶生育力较强，黄绿色，粗壮，茸毛少，持嫩性强。一芽三叶长8.3cm，一芽三叶百芽重120.0g。生长势强，产量高，3～8龄连续6年平均每亩产鲜叶1 049.2kg。1991年制蒸青样，春茶一芽二叶含茶多酚27.4%、氨基酸43.0%、水浸出物40.7%；夏茶一芽二叶含茶多酚34.0%、氨基酸2.0%、水浸出物45.8%。属于绿茶、红茶兼制品种，适制绿茶、红茶。制绿茶，板栗香高，滋味醇尚爽稍纯；制红碎茶，汤色红艳，滋味浓爽，达二套样水平。抗寒性与抗病虫性均较强。扦插繁殖力强。

**适栽地区：**长江南北部分茶区。

**栽培要点：**宜采用1.40m×0.30m单行双株或1.50m×0.33m×0.33m双行双株种植。3次定型修剪高度分别为15cm、30cm、40～50cm。适时、分批采摘。该品种耐瘠、耐肥水，高肥水平下更能发挥其增产潜力（图1-36 、图1-37）。

图 1-36　楮叶齐 12 号芽叶

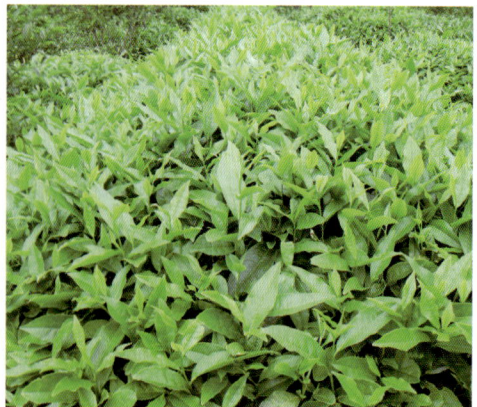

图 1-37　楮叶齐 12 号生产茶园（杨培迪供图）

**17.湘妃翠**[*Camellia sinensis* （L.） O.Kuntze cv. *Xiangfeicui*]：无性系，灌木型、中叶类，早生种。

**来源与分布：**由湖南农业大学从福鼎大白茶自然杂交后代中，采用单株选育方法育成。在湖南茶区有较大面积栽培。2003年，湖南省农作物品种审定委员会认定为省级良种。

**特征：**灌木型，树姿半披张状，分枝角度和分枝密度较大。叶片呈水平或稍上斜状着生，椭圆形或近长椭圆形，叶色绿或黄绿，叶面平或微隆，叶身平或稍内折。萼片5枚，花瓣白色，6～7枚，花柱3～4裂。

**特性：**2010年和2011年在长沙县高桥镇观测，一芽二叶初展期分别为4月6日和4月4日，均比福鼎大白茶晚2d，属早生种。一芽三叶期为4月上旬，芽叶生育力较强，黄绿或浅绿色，茸毛尚多，一芽二叶百芽重23.3g。产量较高，平均每亩产鲜叶653kg。2011年在高桥取样，春茶一芽二叶干样含茶多酚17.4%、氨基酸5.9%、咖啡碱4.6%、水浸出物48.2%。适制绿茶，制绿茶外形条索紧细、修长、绿翠，内质香气高锐，滋味醇爽，汤色与叶底黄绿明亮，品质优良。抗寒、抗旱性较好，移栽成活率高。

**适栽地区：**湖南茶区。

**栽培要点：**不宜过分密植，以双行单株条栽较好，行距1.30～1.40m，株距25～30cm；种植沟深、宽均为50～60cm，施足底肥。肥培管理：应适当提高施肥水平以满足茶树长势强、丰产性好的需求。基肥宜早施、重施，分期追肥。注意增施有机肥，适当提高磷钾肥比例（图1-38、图1-39）。

图 1-38 湘妃翠芽叶　　图 1-39 湘妃翠生产茶园

# 第三节
# 种苗繁育

种苗繁育是茶树品种、单株或群体滋生、繁衍后代的一种生命活动，分无性繁殖和有性繁殖两种方式。

无性繁殖有细胞培养、组织培养、压条、分株、嫁接和扦插（长枝扦插和短穗扦插）等，生产上常用的主要是短穗扦插。无性系茶苗繁殖依技术手段不同，分大田无性系茶苗繁育和容器无性系茶苗繁育。

## 一、大田无性系茶苗繁育

自清代福建茶农首先运用大田无性繁殖技术繁殖茶树后，短穗扦插成为茶树无性繁育种苗主要的技术手段之一，目前在生产上应用最普遍，我国及世界各主要产茶国新育成良种基本上都采用这种方式进行繁殖。无性繁殖既能保证后代性状与母本完全一致，还可以长期保持品种的优良种性。无性繁殖技术具有发根成苗快、繁殖系数高、管理方便和以苗育苗且取材方便的特点。大田无性系茶苗繁育主要包括母本留养、圃地整理、扦插繁殖、苗圃管理等环节。

### （一）母本留养

母本园是专门用于培养扦插枝条的茶园，建立专用母本园是保证插穗质量和数量的重要措施。在正常的培管条件下，6～10年生母本园，每亩可产穗条600～1 200kg，可供2～3亩大田苗圃地扦插。

母树生长势、修剪程度和穗条的成熟度，对插穗质量的优劣和产量的高低有着直接的影响，同时也影响到扦插的发根和成活及扦插成苗的质量。

1.母本园肥水管理。"母肥才能子壮"，留穗母树，年年要进行较重的修剪，并剪取大量的穗条（图1-40），养分消耗量大，必须加大施肥量，以补充养分。预留母本茶园在前一年10月底重施基肥，按照每亩200kg菜籽饼和50kg复合肥配比一起发酵。发酵好后，开沟施肥，距离茶树根部20cm，开沟宽15cm、深15cm，施肥后及时盖土。春茶修剪后的母本园，剪后增施2次追肥，4月底每亩施追肥30kg复合肥和5月底施第二次追肥40kg复合肥。

图 1-40  碧香早母本园（采穗）

干旱是影响母树生长和穗条质量、产量的重要因素之一。有研究表明，在水分充足地区5月底开始蓄留的穗条长超过60cm，粗度3.2cm，比缺水条件下的穗条长度高出1倍多，说明水分对茶树生长特别是对穗条生长是必不可少的。在干旱缺水（气温在38℃以上且持续3d）时应及时灌溉补水，每次进行2h，保持土壤湿润。

**2.母本修剪和打顶。**修剪具有刺激潜伏芽萌发和促进新梢旺盛生长的作用。随着修剪程度的加重，虽然新梢萌发数量有所减少，但生长力更强，单个新梢的长度和重量都增加，尤其是适合扦插用的有效枝条产量显著增加。春茶正常采摘的青壮龄母树，至4月20~25日修剪留蓄母本，视树高情况，在上一年剪口上提高或下降5cm；树势早衰，或者因连续多年剪穗出现细弱枝增多、新梢生育无力的母树，采取离根部45cm处重修剪（在穗源充足的条件下，这类母树应停止剪穗1~2年，让其休养生息）。养穗母树的修剪时间随扦插时间而定，如果留蓄时间过早过长，分叉枝多，穗条利用率低（图1-41）。

茶苗扦插的最佳时期一般为9月底至11月上旬（也有的地方7月中旬开始扦插），目前普遍采用春茶后修剪供秋季扦插。9月底至10月初采穗，穗条生长5个月

图 1-41  扦插利用率低的多分枝穗条

左右的时间，穗条呈红棕色半木质化，长度和粗度都达到比较理想的水平，且穗条分叉枝少，每个枝条至少能剪取8个以上的插穗，达到65%以上的利用率。

用作扦插穗条的新梢，需要一定的木质化程度。扦插前7～15d，对计划剪穗的母本进行打顶，即将枝梢顶端的一芽一叶或对夹叶摘去，促进母本木质化，加速嫩枝成熟，增加茎叶养分，提高穗条利用率和扦穗成活率。先打顶的先剪穗，后打顶的后剪穗，这样分批打顶，分批剪穗，既有利于提高穗条的产量和质量，也便于劳动力的安排。

**3.病虫害的防治。**芽叶健康无病虫危害的穗条才能用作插穗的材料，因此，母本园病虫害防治至关重要。4～5月是茶毛虫和茶尺蠖等虫害预防的关键时期，6～8月是茶小绿叶蝉和螨类等病虫害危害的高发期，应勤观察，早发现，早防治，以点打为主，做到治早、治小。在留养之前用杀虫剂和杀螨剂连续喷药2次，间隔时间5～7d。此后，每隔15～20d喷药1次，除前2次外，以后应注意轮换用药，并使用超低容量喷雾器，喷施要周到，保证穗条的幼嫩芽叶不受危害，保持旺盛的顶端优势，抑制侧芽萌发生长，保证穗条质量。

**（二）圃地整理**

扦插苗圃是扦插育苗的场所，其条件的好坏，与插穗的发根、成活及苗木质量、管理工效均有密切关系。

**1.整地施肥。**苗圃地要求在生态环境良好，交通方便，地势平缓，水源充足、易于排灌，土层深厚，土质结构疏松、透气性良好，保水、保肥能力强，土壤肥力中等的酸性红或黄沙壤土建圃。有效土层厚度在40cm以上，pH为4.5～5.5。建圃前，深耕圃地土壤至20～25cm后，用100mL乙草胺兑水按750kg/hm$^2$进行化学除草，中耕时除去杂草及草根、树根和石块等杂物。用呋喃丹（8g/m$^2$）和甲基托布津（1.5g/m$^2$）对土壤进行消毒。苗厢上深翻施腐熟农家肥7 500～11 250kg/hm$^2$（或施腐熟的饼肥3 750～4 500kg/hm$^2$），磷肥1 500kg/hm$^2$，钾肥75～150kg/hm$^2$，然后平整土地。

根据育苗量来确定育苗规模，依圃地地形确定道路和排水沟的位置。苗圃地要求根据地势开围沟，一般为40cm深、30cm宽，1亩地开一条腰沟。按150cm开厢（含沟、埂），厢沟深15cm、宽30cm，厢面有效宽度120cm以上，厢长以15～20m为宜，平整不积水，每块地的四周建好排水沟。苗床厢面加心土，厚度为6cm，每亩地27～30m$^3$心土（图1-42）。

图1-42 扦插苗圃地铺心土

连续多年种植番茄、茄子、豇豆、烟草等作物的熟地，常有根结线虫危害，不宜作扦插苗圃。另外，原则上同一块地不宜连续作茶苗繁育苗圃。但如果是种植以上作物的熟地或茶苗连作地，茶苗出圃后，对每亩土壤先撒施3%的呋喃丹颗粒剂3～5kg，喷施多菌灵可湿性粉剂1 500～2 000倍液，以消毒土壤，并消灭越冬虫蛹和杂草。如用水稻田改作苗圃地，需深翻破塝。再在土表上每亩撒施磷肥100～150kg，后用旋耕机进行全面深耕，耕作深度20～25cm，耕作结束后每亩施1 500～2 000kg腐熟的厩肥或150～200kg腐熟的菜籽饼，以疏松和肥沃土壤。土地休养到翌年7～8月时，即扦插前1个月，在每亩土表撒施过磷酸钙100～150kg后，用旋耕机进行第2次耕作，深度为15～20cm。扦插前1～3d，再使用旋耕机整细土壤，深度为10～15cm，然后用钉耙和滚筒等工具耙平、推平土壤。常规育苗技术，人工整地至少需要20个工日，运用旋耕机、钉耙和滚筒整地只需8～10个工日，不仅节省了约10个工日，而且使苗床土壤更细更匀。

2.铺心土。由于茶树短穗扦插育苗是采用离开母体的茶树枝条的芽叶进行扦插培育茶苗，因此，扦插前苗圃地的畦面必须铺盖一层红、黄壤心土（即生土），其作用是防止插穗入土部分切口受病毒感染而致腐烂，促进插穗早日发根，同时可减少畦面杂草。选择土层深厚的酸性红、黄壤生荒地或疏林地，铲除表土，取表层土以下腐殖质含量很少的心土，用孔径1cm左右的筛子过筛，去除草根、树根和石砾后，铺盖在畦面上，厚度约为5～6cm。铺好后用滚压器适当滚压，或用木板略加拍打，使之呈"上实下松"状，经滚压或拍打后，心土厚度达3cm左右即可，扦插时插穗正好在心土中（图1-43）。但随着城市化进程的加速，心土资源日益减少，而且所需心土要求挖取地表15cm以下发育程度较好、无墒土的心土，易造成水土流失，破坏生态环境，还费工费时增加劳动成本。因此，研究人员进行了无心土茶树短穗扦插育苗技术研究。

图1-43　扦插苗圃地作畦

无心土扦插技术，指直接以熟表土消毒后整饬扦插苗床进行茶树无心土扦插育苗。该技术采用化学或生物制剂对原土进行灭菌，保证短穗切口不受原土微生物污染，效果比较理想。有研究发现扦插前使用丁草胺消毒、免铺心土，扦插成活率和茶苗生长情况与铺心土基本相当。乙草胺和异丙甲草胺（都尔）活性均比丁草胺高，扦插时可以考虑施用，活性高的除草剂施用量少，对茶苗和土壤的污染也相应减少。安徽农业大学发明了"就地翻换土层，开沟做畦，分畦施工法"，即在规划好的扦插畦上，分层翻开土壤，将表层向下13cm有杂草种子的土壤翻到下层，结合施基肥混施杀菌剂和杀虫剂进行土壤消毒，将向下深挖20cm的底土代替心土，用这种方法开沟做畦扦插，畦面杂草少，繁殖的良种茶苗成活率均达90%以上，成苗出圃率均达80%以上。

3.作畦划行。常规育苗畦宽一般为100～120cm，畦高10～20cm，畦沟宽30～40cm，土地利用率为70%左右。根据育苗地实际情况，为充分提高土地利用率，可适当增加苗床宽度，缩小畦沟宽度。平地和缓坡地畦宽可增加到150cm，畦沟宽缩减至15～20cm，土地利用率约90%，比常规扦插提高约20%。水田或土质黏重地块，畦宽也可为150cm，畦沟宽20～25cm，沟深30～35cm，同时，间隔3～4个苗畦挖一个大排水沟，沟宽35～40cm，沟深45～50cm，土地利用率约80%，比常规扦插提高约10%。做好苗畦后用钉耙按扦插密度划行待用（图1-44）。

图1-44　扦插苗圃地作畦划行

　　4.搭棚遮阴。为了避免阳光的强烈照射和降低畦面风速及减少水分蒸发，扦插育苗必须遮阴。遮阴棚有高棚、中棚和低棚之分，大田扦插育苗一般采用的是拱式低棚。用竹拱（玻璃纤维杆）支撑遮阴网，每厢每1.2m插一根竹拱（玻璃纤维杆），形成龟背形的阴棚，棚中高50cm，周边用长20cm左右的竹签（玻璃纤维签）固定遮阴网，每亩地约需竹弓（玻璃纤维杆）420根，竹签（玻璃纤维签）700根。7～8月扦插，初期应盖双层遮阴网。或苗床上建立高棚、低棚遮阴，高棚宽6m，棚长15～20m，每隔70～80cm设置1根直径1cm、长8～10m钢架，拱高1.8～2.0m；每个高棚内设4个棚宽1.2m、棚高50cm的矮拱棚，每隔60～70cm插1根2.2m、直径1.0～1.5cm的竹弓。高棚覆盖遮阴网，矮棚冬季覆盖防冻塑料膜增温。

　　（三）扦插繁殖

　　1.扦插标准。母树经打顶10d左右即可剪取穗条。适宜用作穗条的新梢标准为当年生、长度在25cm以上、茎粗3～5cm、2/3以上半木质化或木质化枝条（图

1-45），枝条呈红棕色，叶片成熟，枝条上无病虫害，剪下的枝条及时放在阴凉处，插穗分批剪取，当天的短穗当天扦插完。剪取插穗时一般一节一穗，节间较短的枝条，可两节一穗，仅留上位叶；若剪取的腋芽已长为嫩梢，剪掉嫩梢，留2片叶子。每个插穗都要有一个完整健壮饱满的芽和一片成熟的叶片，无花蕾（插穗上若着生花蕾，花蕾膨大生长会严重抑制营养芽生长，对茶苗生长极为不利，若发现花蕾，应彻底摘除），插穗长3cm，剪口倾斜角度为45°（图1-46），斜面与母叶平行。大叶品种母叶过大，叶长超过12cm时，可剪去1/2～2/3。穗条可用浓度为300～500mg/L的ABT生根粉浸泡5s左右，放置4～8h后扦插。

图 1-45 半木质化红棕色标准穗条

A 标准插穗（一芽一叶一寸长）
（注：一寸约为3.3cm）

B 带嫩梢插穗
（剪掉嫩梢留2片叶子）

C 带花芽插穗
（摘去花芽）

D 木质化程度过高的插穗

图 1-46 几种主要插穗类型

　　短穗扦插时间过早，母本园的枝条成熟度不够，过晚则气温低愈伤组织形成较慢，新根生长慢影响成活率。扦插繁殖的最佳时间选择在9～11月的阴雨天或晴天，上午10：00前或下午15：00点后。

　　**2.扦插密度。** 扦插前，先按行距要求划好行线。扦插密度要适宜，以插后不露土地，相邻叶片紧挨而不重叠为宜（图1-47）。常规育苗采用的扦插密度，中小叶种行距一般为7～10cm，穗间距2～3cm，每亩可扦插15万～25万株；为大幅提高出苗数，采用高密度扦插，行距一般为7～8cm，株距为0.8～1.2cm，叶片可重叠1/2～3/4，土地利用率比常规扦插提高10%～20%，因此每亩可插40万～50万株短穗，比传统扦插可多扦插160%～200%，但高密度扦插的茶苗质量稍弱。

图 1-47 扦插密度

**3.扦插方法。**扦插前先将苗床压（揿）实，浇透水，立即盖上高棚的遮阴网。扦插时要使插穗叶片与厢面成45°倾斜角，以插穗叶片不相互重叠、短穗2/3插入土中、叶柄和芽露出土面为宜，然后用掌沿拍紧扦插行周围的土（图1-48），使插穗与土壤密接并固定于苗床。扦插完后对苗床要浇足水，如果在高温烈日下扦插，需边扦插边洒水边遮阴，以免灼伤，然后用竹签（玻璃纤维签）或泥土将矮棚塑料膜四周压紧压实（图1-49）。

图 1-48 扦插方法（用掌沿拍紧扦插行的土） 图 1-49 边扦插边遮阴边浇水

**（四）苗圃管理**

茶苗短穗扦插"三分在插，七分在管"。苗床管理的好坏是苗木质量优劣与数量多少的决定因素，苗床的前期管理主要是提高扦插成活率，后期管理主要是促进苗木的营养生长，提高出圃率。苗床管理主要包括遮阴、水肥、温度、除草松土、病虫害防治等。

1.**遮阴**。光照是茶树插穗发根和幼苗生长的必要条件之一，遮阴是为了调节苗床的光和热。插穗离开母树后水分供不应求，叶片蒸腾作用加强，插穗易脱水枯死。因此，要经常检查遮阴棚，若有破洞要及时修复，防止太阳光直射过强而死苗，一般遮阴率为60%～80%较好。秋、冬季扦插的穗条，插穗未生根前需保持叶片不脱落，以保证叶片可以不断进行光合作用制造养分供给腋芽生长。短穗扦插后，用薄膜覆盖并遮阴，能够保持苗圃一定的温度和湿度，从而减少浇水的次数，降低成本，或者用双层覆盖遮阴的方法，即矮拱架覆盖薄膜保温保湿，高拱架覆盖遮阴网防止扦插苗受到热害。扦插后到越冬前是插穗愈合生根的时期，也是关系扦插成活率高低的关键时期，茶苗防冻的措施有初霜前铺草、有色薄膜覆盖等。秋、冬季扦插的苗圃地，于翌年5～6月雨季打开遮阴棚，7～8月高温干旱季节可再盖上遮阴棚，防止茶苗灼伤。

2.**水肥**。水分是茶苗发芽、生根和生长的重要条件。注意检查苗床土壤墒情，要经常保持表层土壤相对湿度为60%～80%，插后2个月内晴天时每天浇水1次，阴天少浇或不浇，入冬后逐渐减少浇水次数，翌年春季若遇干旱需及时浇灌。浇水的原则是浇水要均匀，水要清洁，高温时多浇，低温时少浇，发根前多浇，发根后少浇。据中国农业科学院茶叶研究所观察，夏插中小叶品种约40d开始发根，60d左右基本齐根。因此，在扦插后40d内，应保持苗床（基质）的充足水分，晴天基本早晚各浇1次水，40d后可改为每天浇水1次，也可隔几天沟灌1次，用沟灌浇水时，以水灌至苗畦高度3/4左右为度，经3～4h后排干。2个月后可视天气和土壤情况灵活掌握，以保持土壤湿润、土色不泛白为度。遇到大雨、久雨时，要及时排水，以防烂根。一般在翌年4月下旬以后揭膜追肥，追肥应掌握先淡后浓、少量多次，做到少施、勤施，氮、磷、钾合理搭配。一般初次追肥尿素浓度掌握在0.2%～0.5%，当茶苗长到10cm左右时，可以逐渐提高到1%，磷钾肥施用量均为7.5kg/hm$^2$。每月追肥2～3次，追肥可结合浇水抗旱同时进行。夏季一般不再追肥，以控制茶苗高度，防止徒长。秋季视茶苗长势，酌情施肥1～2次。

3.**温度**。扦插后棚内温度不得超过40℃，一般上午10：00以后棚内温度达到30～35℃时，应将棚两端揭开通风散热，下午17：00以后覆膜保温。高海拔地区冬季气温较低，茶苗易受冻害，冬季防冻保温管理十分重要。9月扦插时，扦插后立即用遮阴网覆盖矮棚，12月加盖塑料膜，并在苗床高棚上覆盖草帘进行保温，防止茶苗受冻。开春后气温逐渐回升，盖膜越冬的要适时揭除薄膜，加以炼苗和培养管理，以达出圃标准。揭膜可在4月中旬前后进行，先打开两头，过2～3d后，白天揭开向阳的半边，晚上盖回，再经3～5d后，才将薄膜全部揭除，这样可使茶苗有一个适应过程，不会因突然改变环境条件而死亡。

**4.除草松土。** 苗床除草应做到"除早、除小和除尽"，杂草必须趁早、小，在浇水后进行人工拔除。因苗床经常浇水，土壤容易板结，影响茶苗根系的吸收，应及时轻度松动苗床行间的土壤至1.0～1.5cm深度，松土次数随苗床板结情况而定，除草松土时不要损伤茶苗幼根和带动茶苗。茶苗若有花蕾，应及时摘除，以利集中养分，促进营养生长。

**5.病虫害防治。** 苗期发生病虫害会影响茶苗的成活及其生长，因扦插苗需要保温、保湿，许多病虫害在高温、高湿条件下繁殖速度加快。因此，在防治病虫害的同时，加强通风，增强光照和降温。高海拔地区，苗期主要病害有茶饼病、赤星病、白星病和根腐病等，虫害有茶蚜、茶小绿叶蝉和茶毛虫等。病害可选用井冈霉素、甲基托布津和多菌灵等杀菌剂进行防治，虫害可选用吡虫啉和天王星等杀虫剂防治。生产上，用99%恶霉灵300倍液土表喷施后翻耕处理苗床的同时，再用99%恶霉灵3 000倍液或40%五氯硝基苯800倍液消毒处理插穗，可有效防治茶苗根腐病。

大田无性系茶苗繁育应注意：一是选择排灌方便的苗圃地；二是有条件的最好做到轮作；三是苗床要进行土壤消毒翻耕；四是有条件的最好用心土铺面；五是插穗条件允许的话可先消毒处理。一般来说，茶苗出圃率每亩小叶种能达12万～15万株、大叶种能达10万～12万株（图1-50）。

A 扦插苗根系（2018年8月调查）          B 扦插苗出圃（2018年12月出圃）

**图1-50 大田无性系茶苗繁育**

## 二、容器无性系茶苗繁育

大田常规育苗周期一般为13~18个月，土地周转期长、利用率低，管理成本高，制约着茶苗繁育企业的发展。近年来，随着设施农业的发展，育苗周期短的高效育苗方式——容器育苗，引起了业界专家的关注，并开展了相关研究，研究结果逐渐在茶苗繁育上推广应用。

中国农业科学院茶叶研究所通过对设施条件下茶树光合生理与生态关系的系统研究，以不同方法（扦插繁育、组培繁育）获得的植株插穗，探明设施条件下茶苗生长的最适光、温、水、热、$CO_2$浓度等条件，形成设施条件下育苗的最佳环境调控模式，大大加快了茶苗的育苗速度。贵州省茶叶研究所也在智能温室大棚中对茶树种质资源进行快速繁殖工厂化育苗研究，其智能温室大棚快速繁育茶苗的新技术达到一年出圃2批茶苗的良好效果，实现了苗木快速繁殖。湖北省恩施土家族苗族自治州农业科学院等单位结合水培和扦插发明"二段法"快繁育苗技术，为茶树工厂化育苗摸索了新思路。

利用营养钵扦插育苗，苗木生长健壮，根系发达，且移栽时根系不受伤害，定植后恢复快，成活率高。在一些移栽季节干旱缺水的地方，营养钵苗移栽成活率比大田扦插苗高18.5%~27.4%。

容器（穴盘）育苗，以轻基质无土材料做育苗基质。这些育苗基质具有比重轻、保水能力强、根坨不易散等特点，易于包装和长距离运输，育出的苗木整齐一致，非常适合于机械化移栽，为茶叶生产标准化、机械化及种苗商品化开辟了广阔的前景。

智能温室大棚育苗因温度、湿度的可控，有些地方采用嫩梢扦插，效果明显，但管理成本较高（图1-51）。

### （一）育苗棚

选择塑料大棚或温室为育苗设施，将苗床整平，苗床宽约1.2m，长度一般不超过15m，苗床间用排水沟隔开，沟宽约30cm、深约15cm，在大棚或温室外覆盖一层遮阴率80%的遮阴网，棚内配备灌溉设施（图1-52）。

温室一般为双坡面连栋小屋顶形式建造，主要由5个部分组成：框架结构、加热系统、降温系统、喷灌系统及光照调控系统，可实现光、温、水、肥、气的全智能化控制。智能阳光温室大棚**快速繁育**茶苗，与传统的大田短穗扦插繁殖相比，具

图 1-51 智能温室大棚基质育苗（嫩梢扦插） 图 1-52 温室大棚基质育苗

有环境因子可人为控制、繁殖周期短、速度快、效率高、可周年生产、节省育种材料等特点（图1-53）。

图 1-53 智能温室

## （二）基质

常见的基质物料分为无机基质、有机基质和复合基质。无机基质有岩棉、砂、石砾、蛭石、珍珠岩、膨胀陶粒、炉渣，有机基质有稻壳、泥炭、锯木屑、椰子纤维、甘蔗渣、芦苇沫，复合基质是指两种以上的单一基质按一定比例混合而成的基质（图1-54）。

A 育苗容器（可降解纤维袋）和有机基质　　　B 育苗容器（穴盘）和复合基质

图 1-54　两种主要的育苗容器和基质

　　湖南省茶叶研究所研究了珍珠岩、云母片、细沙、黄泥等几种基质对不同茶树品种扦插发根的效果，发现珍珠岩饱和含水率高，通气性能好，茶树扦插愈合快，但因其失水快，保水性能差，如果没有自动喷雾设备，很难满足插穗对水分的要求；云母片保水性能好，温度随气温变化不太大，开始的愈合率虽然较珍珠岩低一点，但死亡率低，发根率高，发根效果好；细沙保水性能不太好，温度随气温变化大，发根效果比黄泥差。山东农业大学等以草炭、石英砂、珍珠岩、片麻岩风化土、鸡粪、牛粪、稻壳为原料，按不同体积比配制成 9 种复合基质，发现草炭∶石英砂∶珍珠岩=2∶1∶1、草炭∶石英砂∶珍珠岩=3∶1∶1、草炭∶片麻岩∶鸡粪=3∶1∶0.5 三种复合基质的理化性质及其缓冲性能能满足育苗要求，可作为育苗试验基质进行大田筛选。湖北省果树茶叶研究所研究了不同基质、不同型号及不同浓度的ABT生根粉对茶树穴盘扦插生根的影响，发现不同基质、不同型号及不同浓度的ABT生根粉对茶树扦插后的生根率、根数、根长和根鲜重均有不同程度的影响，扦插基质采用泥炭土∶珍珠岩=5∶1时扦插效果最好。贵州省茶叶研究所等在全自动智能化温室内采用全珍珠岩、珍珠岩盖土、珍珠岩混土、土4种不同基质对茶树进行快繁扦插试验，结果表明，不同基质处理对插穗生根率具有不同效应，珍珠岩盖土和珍珠岩混土是茶树快繁较为理想的扦插基质，生根率可达83%以上。珍珠岩因其具有良好的通气性、保水性、洁净性等优点，在实际生产和研究中被广泛应用。

### （三）扦插

　　扦插前要将穴盘基质充分浇水，经3h左右水分下渗后，基质呈"湿而不黏"的松软状态即可扦插。这样既防止因基质过干造成扦插过程中损伤插穗，又能使插穗下端与基质充分接触，有利于吸收水分。

广西桂林茶叶研究所研究表明，扦插前用生根粉能使茶苗发根提早14d，根数增加18条，成活率提高41.8%，出圃率提高29.6%。生根粉浸渍插穗基部，分慢浸和快浸，慢浸浓度为$100×10^{-6}$倍液，浸2～4h；快浸浓度为（300～500）$×10^{-6}$倍液，浸5s左右，浸后放置4～8h再扦插。生根粉配制方法是将1g生根粉用95%农用酒精500mL溶解，再加水稀释到所需浓度，在配置和使用生根粉过程中，均不能使用金属容器。

扦插采用直插法，按照一穴一个插穗的标准，将剪好的插穗插入准备好的穴盘中，扦插深度为插穗底部位于穴盘正中间的深度，扦插深度为3.0～3.5cm，即插到叶柄以下0.2cm处即可。扦插时株距以互不遮叠为宜，即行距12cm、株距2cm，所有插穗叶尖顺朝一个方向，绝不能将叶柄和腋芽插入基质层中，横畦扦插，插后压紧基质，整平畦面。扦插完成后浇透水，待叶片晾干后喷消毒剂。

温室中茶苗生长迅速，足龄苗株高远远超过大田无性系扦插苗国家Ⅰ级苗出圃标准，可将温室内已培育到20cm高度以上的苗木再次剪穗进行以苗育苗（图1-55），既能解决某些新育成品种（系）母本匮乏的问题，也能使新品种（系）迅速成园。培育半年时间一般1株苗可以再剪插穗5个，1株苗一年可剪10个左右插穗，再经培育，完全可以达到出圃要求。

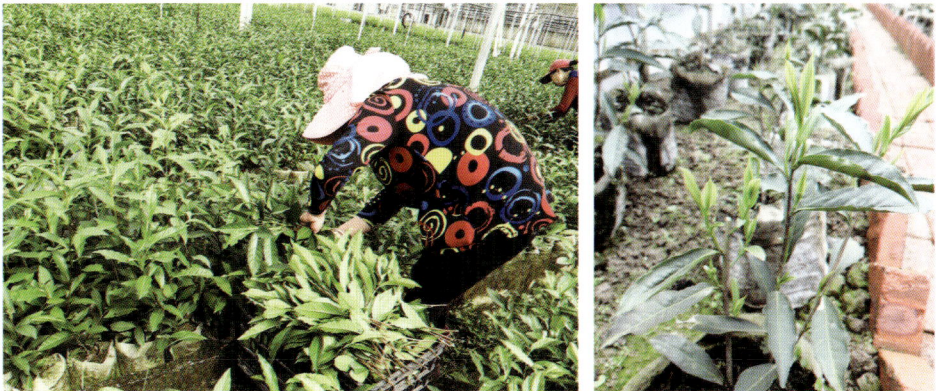

A 营养钵一年生大苗　　　　　　　　B 大苗剪穗后分枝发芽情况

图1-55　营养钵茶苗以苗育苗（湖南省湘西土家族苗族自治州农业科学院）

（四）苗期管理

苗期管理主要对扦插苗生长期的光照、水肥、环境温度、基质湿度等加以控制，并及时进行除草和病虫害防治。控制苗床基质含水量在60%～70%，空气湿度在80%左右，棚内气温在25～35℃，为插穗生长最适环境条件。

1.光照。夏秋季太阳光强烈，气温高，如不遮阴，会造成叶片灼伤，严重时会造成插穗大量失水而枯萎死亡。同时，插穗的芽、叶依靠光合作用才能形成营养物质，如果没有光照，光合作用无法进行，插穗不能发根，最终会导致插穗死亡。因此，在遮阴时必须控制好遮阴度，透光度在30%～70%。在具体应用中，应结合品种特性和不同生育阶段灵活掌握。大叶品种的叶片较大，耐光和耐热性都较中小叶品种差，其遮阴度要高些；中小叶品种遮阴度可低一些。扦插初期遮阴度要高些，随着插穗根系的逐步形成，遮阴度也可逐步降低，可以通过每天早晚揭盖温室遮阴帘来控制受光量。

2.水肥。插穗生根前主要靠茎从土壤中吸取水分和叶片从空气中吸取少量水分，以维持体内水分平衡和正常的生理代谢活动。在生根之前，保持土壤及空气湿度极为重要。如不注意保持一定的土壤和空气湿度，造成吸收的水分少于叶片蒸腾的水分，可能会导致插穗体内水分失去平衡而死亡。但如果土壤含水量太高，会造成土壤空气不足，插穗呼吸困难，生根延迟甚至不生根。一般生根前苗床基质含水量高些，控制在80%～90%，随着插穗开始生根和气温逐渐降低，基质持水量可低些，基质湿度控制在60%～70%，空气湿度控制在80%左右，每隔7～10d补水一次。每20d进行一次病虫害防治，在气温持续低于10℃的冬季可适当减少病虫害防治次数。扦插后第4个月开始结合病虫害防治喷施0.2%的尿素水溶液，第5个月开始喷施1∶300复合肥水溶液，并进行揭网炼苗。

扦插发根的优劣不但与扦插条件及环境因子、管理水平有关，还与品种有关，有研究报道，母叶内的淀粉、非蛋白氮含量和母茎内的碳氮比高，以及母叶内的蛋白氮含量低的茶树品种，一般都具有较强的发根能力。

在茶树上应用智能温室大棚快繁茶苗具有一定优势，但其成本相对较高，主要体现在水电耗能较高。因此，在大棚选址时可选在水源方便的地方，改喷雾模式为浮盘育苗，降低育苗成本。

## 三、无性系茶苗出圃

### （一）出圃标准

大田扦插苗从扦插到苗木出圃的时间，满一年生长周期的即为一足龄苗。苗木木质量参考《茶树种苗》（GB 11767—2003），以苗龄、苗高、茎粗和侧根数为分级的主要依据，分为Ⅰ、Ⅱ两级（表1-12），低于Ⅱ级标准为不合格苗。苗高，自根颈处量至顶芽基部，用尺测量，精确到0.1cm；茎粗，距根颈10cm处的苗干直径，用游标卡尺测量，精确到0.1mm；侧根数，指根径在1.5mm以上的根总数（图1-56）。

容器苗扦插后第6个月即达容器茶苗质量标准（表1-13），可出圃移栽，起苗后一般用长×宽×高=60cm×40cm×20cm的塑料筐装运。将部分未达出圃标准的穴盘苗转移至营养钵中继续培育，每钵栽2株茶苗，一般用口径10～13cm、装土后高度约10cm的营养钵，营养土可利用草炭土为主要原料适量添加有机肥进行配制，增强茶苗生长势，营养钵中培育4～5个月后茶苗可出圃移栽。营养钵大苗移栽成活率一般在95%以上，且长势相当快，定植后一年内可以采茶（图1-57）。

表1-12 中小叶品种扦插苗质量指标

| 级别 | 苗龄 | 苗高（cm） | 茎粗（mm） | 侧根数（根） | 纯度（%） |
|---|---|---|---|---|---|
| Ⅰ级 | 一足龄 | ≥30 | ≥3.0 | ≥3 | 100 |
| Ⅱ级 | 一足龄 | ≥20 | ≥2.0 | ≥2 | 100 |

表1-13 容器茶苗质量指标

| 级别 | 苗龄 | 苗高（cm） | 茎粗（mm） | 侧根数（根） | 纯度（%） |
|---|---|---|---|---|---|
| Ⅰ级 | 半年生 | ≥12 | ≥2.0 | ≥3 | 100 |
| Ⅱ级 | 半年生 | ≥8 | ≥1.5 | ≥2 | 100 |

图1-56 一年生大田无性系茶苗根系（Ⅰ级苗）　图1-57 一年生无性系容器茶苗生长势

在茶产业快速发展过程中或某一优良（优异）品种推广初级阶段，种苗需求量大，很多企业或茶农大量繁育茶苗。但茶树良繁的关键在于母本园，而母本园的建立则需一定的周期，有的企业或茶农只好通过对外购买穗条来获得母本进行扦插繁育，由此可能造成繁育的苗木品种纯度得不到保证。因此，茶农或茶企在引种时一定要找正规的且具有良好信誉的茶苗繁育单位，以避免不必要的损失。

另外，智能温室大棚容器快速繁育茶苗的新技术可将温室内已培育到20cm高度以上的苗木再次剪穗进行以苗育苗，亦能解决某些新育成品种（系）母本匮乏的问题。

**（二）茶苗检疫**

在良种推广中，经常需要调运茶苗和穗条等，必须重视检疫工作，以免因茶苗或插穗表面附着各种病菌或害虫的传播给茶叶生产带来严重损失。

茶树种苗出圃前由茶苗采购单位和茶苗供应单位分别在"全国植物检疫信息化管理系统"提交检验检疫要求书，申请"调运检验检疫证"（有效期10d），茶苗供应单位申请所在地的县（市）植保站工作人员现场抽查检验，办理"产地检疫合格证"。种苗繁育企业需营业执照、农作物种子生产经营许可证、产地检疫合格证（另附产地检验合格证品种清单）、品种证书、省级茶树种子种苗签证等"四证一签"齐全才能销售茶苗。

常见茶籽、茶苗和穗条携带的病虫害主要有镰刀菌、茶饼病、茶炭疽病等（表1-14）。对调入的茶籽、茶苗和穗条进行抽样检验（表1-15），发现有病虫时应及时消毒处理，并隔离种植。

表1-14 常见茶籽、茶苗和插穗携带病菌或害虫种类

| 序号 | 病虫种类 | 携带的菌态和虫态 | 携带方式 |
| --- | --- | --- | --- |
| 1 | 茶饼病菌 | 菌丝、担孢子 | 茶籽、茶苗和插枝表面 |
| 2 | 茶云纹叶枯病 | 菌丝、分生孢子 | 茶籽、茶苗和插枝表面 |
| 3 | 茶炭疽病 | 菌丝、分生孢子 | 茶籽、茶苗和插枝表面 |
| 4 | 茶轮斑病 | 菌丝、分生孢子 | 茶籽、茶苗和插枝表面 |
| 5 | 茶褐色叶斑病 | 菌丝、分生孢子 | 茶籽、茶苗和插枝表面 |
| 6 | 灰霉菌 | 分生孢子 | 茶籽表面 |

（续）

| 序号 | 病虫种类 | 携带的菌态和虫态 | 携带方式 |
|---|---|---|---|
| 7 | 镰刀菌 | 分生孢子 | 茶籽表面 |
| 8 | 膏药病 | 菌丝、担孢子 | 茶苗茎部 |
| 9 | 茶毛虫 | 卵 | 茶苗、插穗叶部表面 |
| 10 | 茶卷叶蛾 | 虫苞（幼虫、蛹）、卵 | 茶苗、插穗枝梢部和叶片表面 |
| 11 | 茶小卷蛾 | 虫苞（幼虫、蛹）、卵 | 茶苗、插穗枝梢部和叶片表面 |
| 12 | 青、黄刺蛾 | 茧壳（蛹） | 茶苗、插穗茎部表面 |
| 13 | *长白蚧 | 介壳（卵、若虫、蛹、雌成虫） | 茶苗、插穗茎部、叶片表面 |
| 14 | *茶绵蚧 | 介壳（卵、若虫、蛹、雌成虫） | 茶苗、插穗茎部、叶片表面 |
| 15 | *龟甲蚧 | 介壳（卵、若虫、蛹、雌成虫） | 茶苗、插穗茎部、叶片表面 |
| 16 | *茶牡蛎蚧 | 介壳（卵、若虫、蛹、雌成虫） | 茶苗、插穗茎部、叶片表面 |
| 17 | *茶梨蚧 | 介壳（卵、若虫、蛹、雌成虫） | 茶苗、插穗茎部、叶片表面 |
| 18 | *角蜡蚧 | 介壳（卵、若虫、蛹、雌成虫） | 茶苗、插穗茎部、叶片表面 |
| 19 | *红蜡蚧 | 介壳（卵、若虫、蛹、雌成虫） | 茶苗、插穗茎部、叶片表面 |
| 20 | *黑刺粉虱 | 蜡壳（若虫、蛹） | 茶苗、插穗叶背表面 |
| 21 | 通草粉虱 | 蜡壳（若虫、蛹） | 茶苗、插穗叶背表面 |
| 22 | *各种叶螨 | 卵、幼螨、成螨 | 茶苗、插穗茎部、叶片表面 |
| 23 | 茶蚜 | 老熟若虫、无翅雌蚜 | 茶苗、插穗枝梢顶部芽叶表面 |
| 24 | *茶梢蛾 | 幼虫、蛹 | 茶苗、插穗枝梢内部潜藏 |
| 25 | *茶籽象甲 | 卵、幼虫 | 茶籽内部潜藏 |
| 26 | *茶实蝇 | 幼虫 | 茶籽内部潜藏 |
| 27 | 蓑蛾类 | 护囊（幼虫） | 茶苗、插穗叶片表面 |

注：*为主要危险性病虫种类。

表1-15　苗木检验抽样标准

| 总株数 | 抽样株数 |
| --- | --- |
| <5 000 | 40 |
| 5 001~10 000 | 50 |
| 10 001~50 000 | 100 |
| 50 001~100 000 | 200 |
| >100 001 | 300 |

### （三）茶苗种植

茶苗移栽的时间应选择在茶树地上部停止生长、地下部根系生长较为旺盛的时期，茶树根系在秋季生长最为活跃。因此，长江中、下游以南广大茶区和云贵高原部分茶区以秋季 10～11 月栽植为好；广东、广西和福建南部茶区，气温高，以11～12 月栽植为宜；长江中下游以北偏冷的茶区，入冬早，冬季寒冷，如秋季栽植则茶苗易受冻害，应在春季 2 月下旬至 3 月上旬栽植。

为了提高土壤肥力，为茶树生长发育提供良好的水、肥、气、热条件，增强茶苗抵御自然灾害的能力，茶苗定植前在全面深耕的基础上开挖种植沟，以便施基肥和苗木运到后及时定植，一般沟深 30～45cm、宽30cm（图1-58）。种植沟内应施足基肥：厩肥 7 500kg/hm² 或菜籽饼4 500kg/hm²，配施磷肥375～750kg/hm²、钾肥 300～450kg/hm²，基肥要先经过腐熟，施肥后须覆盖5cm以上的表土，以免肥料灼烧茶苗。

图1-58　种植沟

为提高茶苗移栽成活率，做到栽前起苗多带土，即在起苗前2～3d，在苗圃灌水1次，使土壤湿润，减少起苗时根系损伤且带土。如土壤沙性太重，不易带土，应在起苗后用黄泥浆水蘸根，防止根系失水。苗木如需长途运输，可用湿草包扎根部，注意覆盖和洒水，防止茶苗过度失水。如不能及时定植，则应开沟假植。为减少水分蒸发，提高茶苗成活率，茶苗出圃时或定植前可将茶苗距根颈处20cm以上的主枝剪去。短穗扦插茶苗须根多，但无主根，应适当深栽，以母穗桩头刚好不露出土面为宜，以防止因表土失水过快而导致茶苗枯死。

无性系茶苗根系没有主根，而须根和表层的吸收根却很发达，苗期具有较高的生长势，因此对水肥的要求严格。为确保栽种茶苗的成活率，在栽培上应依据无性系的生育特点采取相应的技术措施加以保证。比如采取开沟吊槽、采用深栽法，浇足定根水，在幼年期适当增施氮肥和有机肥，抑制早花现象等（图1-59）。

图 1-59　茶苗定植

## 四、有性系茶苗繁育

清代以前，茶树的繁殖方法一直沿用种子播种的方式。《茶经》中记载茶树种植"法如种瓜，三岁可采"，五代之后多记载多子单播法，明代以前认为茶树不宜移植，明代中期以前一般都采用丛直播法，明代后期开始采用丛播育苗移栽新法。茶籽直播最宜山高坡陡的地方采用。

唐·韩鄂《四时纂要》记载："收茶籽，熟时收取，和湿沙土拌，置筐笼盛之，穰草盖，不尔乃冻不生，至二月出种子。"明·罗廪《茶解》记载："秋社后，摘茶籽水浮，取沉者……"这些文章所记载的内容至今仍有现实意义。

种子繁殖即为茶树有性繁殖，具有茶树幼苗主根发达，抗旱、抗寒能力强，采种、育苗和种植方法简单，茶籽运输方便，便于长距离引种，成本较低等优点。

### （一）种子采收

能否生产出符合要求的优质茶树种子，与采种园的品种、园地的土壤环境条件和采种园管理技术措施有密切关系，采种园的建立和培管参见第一章第二节有性系品种。

合理掌握茶果采收季节非常重要。采收过早，种胚发育不全，子叶中淀粉和脂肪含量低，在保管过程中容易变质而丧失发芽力，即使部分茶籽能发芽，生长力也很弱（表1-16）；反之，采收过迟，大量茶果自行脱落，会使产量遭受损失。

表1-16　不同采收期对茶籽萌发及幼苗生长的影响

(彭继光，1964)

| 采收期 | 茶苗成活率（%） | 苗高（cm） | 茎粗（cm） | 主根长（cm） | 平均鲜重（g/株） |
|---|---|---|---|---|---|
| 秋分 | 65.1 | 18.7 | 0.38 | 13.8 | 9.7 |
| 寒露 | 80.8 | 20.9 | 0.41 | 14.7 | 11.5 |
| 霜降 | 91.6 | 21.9 | 0.41 | 15.6 | 12.1 |
| 立冬 | 83.9 | 20.8 | 0.41 | 15.2 | 11.7 |

10月茶果外种皮转为黑褐色，子叶脆硬，种子含水量为35%～40%，脂肪含量为30%左右，幼胚具有发芽能力。果皮呈棕褐色，干燥时，即可自背缝线裂开，使种子脱落。当70%～80%茶果果皮呈棕褐色或绿褐色失去光泽，且4%～5%茶果开裂时采收最适宜，时间一般在霜降前后7d左右（图1-60）。

图1-60　茶树种子采收标准

大多数地区的播种时期为当年11月至翌年3月，最佳播种时期为冬季（11～12月中旬）。当年冬季可以播下的种子只需短期储存，直接将茶籽摊放在地面不返潮的阴凉房间内，厚度约15cm，上用稻草掩盖，以防干燥，保持种子的新鲜状态即可。成熟的茶树种子刚从树上采下时，含水量为35%～40%。有研究认为，当茶树种子的水分减少到16%以下时，种子发芽率迅速下降（表1-17）。所以，翌年春季

表1-17　种子含水量与发芽率的关系（%）

| 种子含水量 | 发芽率 |
|---|---|
| 28.0 | 86.67 |
| 24.5 | 83.33 |
| 22.0 | 80.00 |
| 19.8 | 76.67 |
| 16.0 | 73.33 |
| 13.9 | 36.67 |
| 10.0 | 10.00 |
| 36.0（CK） | 93.33 |

注：1.品种为龙井43，鼓风干燥箱25℃干燥脱水，对照为新鲜种子，沙播法测发芽率，重复3次；2.资料来源于《茶树育种学》，中国农业出版社。

播种的需要长期储存，可用木箱或木桶等容器，在其底部铺上一层细沙，把茶籽和湿沙按1:1比例拌匀，放于容器中，在其顶部铺上细沙和稻草。每隔10～15d检查一次，发现霉变及时捡剔，如细沙泛白，宜撒清水保湿（以湿而不漏水为度）。

**（二）茶籽检验**

正常发育的茶果，一般为3～5室，凡1室、2室的茶果，属于发育不全的特征。果实形状有球形、肾形、三角形、四方形、梅花形等，种子形状有球形、不规则形、似肾形、锥形和半球形等。种径0.9～1.9cm，种子百粒重26.0～465.0g。种子的良好与否直接反映树体的营养，间接表明茶树品种的适应性，育种者常常观测不同品种的结实率及其良子率就是这个道理。种脐大小和色泽与品种及其周围生态环境条件有关，发育良好的大叶种茶树（广东水仙、云台山大叶种）或生长于湿润肥沃的环境，种脐相对较大且白；小叶种茶树，或生长于干燥瘠薄的环境，种脐相对较小且暗。

种子的胚由胚芽、胚根、胚轴和子叶4部分组成，种子萌发后，胚根、胚芽和胚轴分别形成茶树的根、茎、叶及其过渡区。种子大小与幼苗发育有着密切的正相关关系，种径14mm以上的种子所长成的幼苗，株重当年即可超过种径12mm以下的种子所长成的幼苗一倍（表1-18）。

茶树种子属于硬种皮类，外种皮由石细胞组成，不仅空气、水分很难通过，而

表1-18　种子大小与幼苗发育的关系

| 种径 | 成苗率(%) | 主干高(cm) | 主干粗(mm) | 主根长(cm) | 主根粗(mm) | 地上部重(g) | 地下部重(g) |
|---|---|---|---|---|---|---|---|
| 16mm以上 | 52.00 | 30.00 | 3.95 | 19.05 | 4.25 | 79.00 | 21.70 |
| 14mm以上 | 47.00 | 23.35 | 3.55 | 16.70 | 4.00 | 59.00 | 16.10 |
| 12mm以上 | 30.50 | 16.00 | 2.95 | 17.16 | 3.15 | 32.00 | 10.40 |
| 12mm以下 | 23.00 | 15.50 | 2.35 | 15.30 | 2.35 | 23.00 | 6.20 |

注：1. 试验材料为安化槠叶种的种子；2. 资料来源于《茶树的特性与栽培》，上海科学技术出版社。

且结构致密坚固，不易破裂，可防止机械损失及病虫害感染，表现出强大的适应性和忍耐性。茶籽的休眠期比较长，在自然界，一般都要经过5个月，即10月种子成熟脱落后，需要到翌年4月才开始发芽生长。但处于休眠状态的种子，仍有其复杂的生命活动，缓慢地进行着新陈代谢，并与周围环境保持联系，若环境条件不适应种子的生理活动，即使为时短暂，也能使种子遭受损失。如在强烈的阳光下，或处于碱性土壤里，茶籽的发芽力就显著降低；把茶籽收集一处，堆积过厚，也能迅速形成高温使种子品质变坏。播种前对种子生活力加以鉴定，可以提高茶苗出圃率，减少补种（苗）概率。

鉴定种子生活力的方法有：一是种子休眠期间，脂肪向外层集结，使种皮内壁上的薄膜呈深黄色，外表黑褐色且富光泽，是成熟健全种子的标志；种胚鲜嫩，种皮黄褐色且缺乏光泽，黏附内种皮上的薄膜成黄白色，表明是未成熟种子。二是种子落在桌上，弹跳且声音重实的，说明种仁饱满、含水量适宜。三是种子脂肪含量达30%以上的是发育正常的种子。四是种胚干瘪，有不匀称的斑点或孔洞的是罹患病虫害的种子。五是浸种一个星期后，仍浮于水面的是发育不良的种子。

为确保种苗质量，需对茶树种子进行检验：一是采种园纯度不低于70%。二是发芽率要求大叶种不低于60%，中小叶种不低于70%。三是粒径要求大叶种不低于1.2cm，中小叶种不低于1.1cm。四是茶籽含水率为22%～38%。五是嫩子、瘪粒和虫蛀的茶籽及其他夹杂物不超过1%。

### （三）茶籽播种

大多数地区的茶籽播种时期为当年11月至翌年3月，从各地生产实践来看，冬播（当年11月～12月中旬）比春播（翌年2～3月）茶苗出土提早10～20d。若延长到翌年4月播种，不仅出苗率低，而且幼苗还容易遭受旱、热危害，因此最佳播种时期为冬播（当年11月～12月中旬）。茶树种子需要有适宜的水分、温度、pH，才能发芽生长。土壤含水量达60%时才能满足种子吸胀发芽的需求。茶籽在发芽期内，10℃条件下超过3d，根尖生长点便开始分裂，10℃可以作为茶籽有效积温的临界温度。茶籽发芽的最适宜温度为25～28℃（可以通过覆膜或盖草来提高地温），但不同品种茶籽发芽所需的有效积温不同，如江华苦茶种子需410℃，安化楮叶种只需300℃。

**1.浸种。**茶籽经浸种后播种，可提早出土和提高出苗率。播种前将茶籽浸泡在3%的多菌灵（含量50%）溶液中3d，将浮在水面的种子剔除，留下沉于水底质量好的种子（浸种要求每天换水一次，并每天捞出下沉的种子暂时摊放室内或即时播种）。茶籽的萌发需要有新鲜的空气。茶籽萌发时，呼吸作用逐渐增强，需要有充足的氧气供应。有氧呼吸会产生较多的能量，供茶籽萌发、生长活动。而无氧呼吸消耗的基质多，产生的能量少，而且生成乙醇，长时间积聚这种物质会使茶籽中毒致死。因此，浸种时需要经常换水。

除了消毒作用，浸种还可以同时采用加温、施肥和化学药剂等方法加速茶籽的吸胀过程，达到催芽目的。

**2.播种。**播种的茶园土壤要疏松，茶苗出土前，应当把板结的表土疏松，使茶籽能获得新鲜的空气而正常生长。土质黏重的茶园，尤其应加以注意。不同播种深度对胚苗出土的迟早关系密切（表1-19），其始苗期、盛苗期所需日数的多少与播

表1-19 不同播种深度对茶籽出苗时期的影响

| 播种深度（cm） | 茶苗数（株） | 始苗期（日/月） | 盛苗期（日/月） | 始苗期到盛苗期时长（d） |
|---|---|---|---|---|
| 1.5 | 300 | 12/5 | 31/5 | 19 |
| 3.0 | 300 | 16/5 | 31/5 | 18 |
| 4.5 | 300 | 22/5 | 24/6 | 33 |
| 6.0 | 300 | 31/5 | 11/7 | 41 |
| 7.5 | 300 | 6/6 | 10/8 | 55 |
| 9.0 | 300 | 12/6 | 20/8 | 69 |

注：1.播种时间为2月27日，出苗10%为始苗期，出苗50%为盛苗期；2.资料来源于《茶树的特性与栽培》，上海科学技术出版社。

种深度呈正相关关系。适当密播、浅播、保持覆盖物疏松，以及利用种子发芽时的相互促进作用，是播种技术的准则。

有试验采用冬季将蚕豆与茶籽混合穴播，当蚕豆在冬季发芽生长时，土层被钻破并保持疏松状态，到蚕豆在4月下旬收获时，仅割去其上半部，下半部留着作茶苗遮阴，并利用其根系（根瘤）腐烂后作为茶苗的肥料。此播种法成苗率比不种蚕豆的高12.5%。

（1）茶树种子直播地播种技术。直接应用于生产的双无性系品种，用直播的方式。一是调整地形。在坡地复杂的情况下，应根据土地的利用价值，建成梯面或平地又能排灌的茶园，保证深耕60～80cm，茶籽播下去后，适于抗旱防渍。二是开好播种沟。按照1.5m的行距开好30cm左右深的种植沟，要求沟底平直，土粒细碎，施足基肥，然后填土至3～5cm深的浅沟，保证茶籽播种下去后，不至于覆土太厚，并与土壤保持最大的接触面，适于发芽生长（图1-61）。三是丛播浅覆。播种规格双行条播，大行距150cm、小行距40cm、穴距33cm、每穴3～5粒，覆土不超过5cm。在种子采收后即可播种，冬播胜于春播。因为11月播种，茶籽还可以萌动，或以胚苗的状态越冬，胚苗经过寒冷的锻炼，生命力有所增强，比翌年春季播种的可提前10～15d出苗，达到早、齐、壮、旺和快速成园的要求。四是松土除草。在湖南，胚苗出土集中于5月，应及时拔除杂草，防止杂草抑制胚苗出土生长。如因雨后久晴，土壤板结，造成胚苗出土的障碍，则应松土助苗出土，但要求动作细致，防止伤到幼苗。

图1-61　茶树种子直播地播种

（2）茶树种子苗圃地播种技术。一是整理圃地。播种前，先整理好苗圃地，施肥后深翻20cm左右，开厢（厢面1m左右）、铺3～5cm心土（以白沙土为佳），整平后划行，行间距约为7cm。二是浸种。采用多菌灵杀菌浸种法，将茶籽放于容器中，浸泡在3%的多菌灵（含量50%）溶液中3d，沉于水底是质量好的种子，将浮在水面的种子剔除。三是适当浅播。粒距约为10cm，深度为3～5cm，播种后薄铺一层1～2cm厚的稻草，最后盖上地膜（可提高地温）和遮阴网，在翌年的3～4月揭膜炼苗（图1-62）。

图1-62 茶树种子苗圃地播种

茶籽从胚根伸长，由根尖向地心延伸，主根明显。幼苗时侧根发育不及主根明显。试验观察证明，从茶籽萌发经过4个月，未去根尖的主根平均长10～15cm，侧根长5～10cm，一级侧根多达数十条。在幼苗期地下部分与地上部分的高度之比为3：1，但到了幼龄期，主根的长度与地上部分的高度达到平衡；根幅为根冠的1.5～2.0倍。青壮年期最大根幅约为1.5m，大部分分布在20～30cm深处，地上芽叶茂盛，达到最佳产量。

**（四）茶籽综合利用**

人们不但将茶树种子直接应用于茶叶生产，从20世纪80年代中期起，我国茶学家对茶籽的深加工技术开始研究，并开发了相关产品。经初步研究，茶籽（种仁）中含油量24%～30%、粗蛋白11%、淀粉24%，还有其他糖类、氨基酸和皂素等，可利用其精炼食用油、工业用油，还可制农药、饲料等。

茶叶深加工终端产品开发表明，茶叶籽油、EGCG、茶氨酸、茶树花等被我国列为新资源食品。中国、印度、孟加拉国和日本等均从茶籽中提取茶籽油，茶油黄色，气味良好，含油率为20%～35%，其不饱和脂肪酸与饱和脂肪酸比例为80.65∶19.35，其他特征（碘价、皂化价、硫氰值、游离脂肪酸含量）与橄榄油近似，是一种富有营养价值和保健功效的高级植物油。

茶油除食用外，还可在制药工业上作为加工油膏或洗剂之用。经榨油后的茶籽饼中含有大量的淀粉（40%）、蛋白质（12%）和皂苷（10%～15%），皂苷具有苦味、乳化特征及溶血特性。这种皂苷的混合物还具有良好的洗涤性能及产生稳定的泡沫，如中国农业科学院茶叶研究所研制成功的TS-80茶皂素石蜡乳化剂和TO-891制茶专用油脂，台湾地区新北市坪林区农会研发的文山包种茶籽厨房清洁粉等（图1-63）。此外还可以用作发波、防腐剂，以及摄影上乳化剂的加工原料。提取了皂苷之后的残渣仍有许多用途，如可以提取茶籽蛋白、经水解和脱毒后用作饲料、作为肥料和食用菌培养基等。

图 1-63  文山包种茶籽厨房清洁粉

第二章

# 良

# 园

# 第一节
# 茶园环境

古人重视生态环境对茶树的影响。东晋·杜育《荈赋》："灵山惟岳，奇产所钟。……厥生荈草，弥谷被岗。承丰壤之滋润，受甘露之霄降。"指出，茶树种在名山谷岗上，土壤肥沃，雨露滋润而生长繁茂。唐·陆羽《茶经》："茶者，南方之嘉木也……野者上，园者次。阳崖阴林，紫者上，绿者次。"宋·宋子安《东溪试茶录》："茶宜高山之阴，而喜日阳之早。"宋·赵佶《大观茶论》："植产之地，崖必阳，圃必阴。"清·陆廷灿《续茶经》引《随见录》："武夷茶，在山上者为岩茶，水边者为洲茶。岩茶，北山者上，南山者次之。"明·许次纾《茶疏》："天下名山，必产灵草。江南地暖，故独宜茶……"。明·程用宾《茶录》："茶无异种，视产处为优劣。生于幽野，或出烂石，不俟灌培，至时自茂，此上种也。肥园沃土，锄溉以时，萌蘖丰腴，香味充足，此中种也。树底竹下，砾壤黄砂，斯所产者，其第又次之。"

由此可见，环境条件与茶树生长发育关系密切，如光、温度、水分、海拔高度和生态条件等。

## 一、光与茶树生长发育

光合作用是绿色植物利用光能将二氧化碳和水同化为有机物质并释放氧气的过程。茶树将从土壤中吸收的水分和矿物质、从空气中吸收的二氧化碳，利用太阳能合成有机物。茶树体内的糖、脂肪、蛋白质、核酸、游离氨基酸、茶多酚、咖啡碱等都是光合作用的产物和衍生物。光合产物约 7% 用于新梢生长，9% 用于建造骨干枝，约 84% 被呼吸或其他所消耗，光合产物向各器官的运输与分配直接关系到茶树的生长与经济产量的高低。

在年周期中，茶树光合产物总量的 97% ～ 98% 由叶片提供，其中，60% ～ 75% 由上年老叶提供，22% ～ 38% 由当年生留养叶提供，只有 2% ～ 3% 是茎等其他部位提供。

## （一）光质对品质的影响

相同辐射能下，不同光质对自然光下生长茶树的净光合速率的影响，随各种光质辐射能的增加而增大。各光质下，茶树叶片光合强度高低依次为：黄光＞红光＞绿光＞蓝光＞紫光。不同光质，对茶叶品质的影响也不同（表2-1）。蓝、紫、绿光下，氨基酸总量、叶绿素和水浸出物含量较高，茶多酚含量相对减少；红光促进碳水化合物的形成，有利于茶多酚的合成；蓝、紫光则促进氨基酸、蛋白质的合成。在一定海拔高度的山区，雨量充沛，云雾多，空气湿度大，漫射光丰富，蓝、紫光比重增加，氨基酸、叶绿素和含氮芳香物质多，这也是高山云雾出好茶的原因之一。

### 表2-1　不同光质下茶叶品质成分的变化
（陶汉之、王新长，1989）

| 光质 | 叶绿素（%） | 水浸出物（%） | 茶多酚（%） | 氨基酸（%） | 咖啡碱（%） |
|------|-----------|-------------|-----------|-----------|-----------|
| 黄光 | 0.434 | 41.62 | 23.23 | 4.09 | 4.37 |
| 红光 | 0.428 | 41.59 | 23.36 | 3.47 | 4.10 |
| 绿光 | 0.453 | 42.99 | 22.31 | 4.76 | 3.88 |
| 蓝光 | 0.504 | 43.61 | 21.40 | 4.26 | 4.06 |
| 紫光 | 0.512 | 43.50 | 18.95 | 4.28 | 3.85 |
| 白光 | 0.414 | 40.35 | 23.06 | 3.56 | 3.68 |

## （二）光强对茶树生长的影响

茶树为耐阴、喜阳植物，光合作用强弱在一定条件下决定于光照强度。一般在1 000～500 00lx范围内，当二氧化碳、水分和温度能满足茶树需要时，光合作用强度随光照强度的增加而增强，制造的有机物质也随之增多。当光照强度超过500 00lx时，光合作用往往不再增强。同时，儿茶素生物量与茶树体内的碳水化合物含量密切相关，光照强度大时，茶树体内糖类含量高，儿茶素生物合成量就大，这也是春茶儿茶素含量较低、夏茶最高、秋茶逐渐减少的原因所在。适度遮阴能满足茶树耐阴生理习性的需要，也有利于提高茶叶的产量和品质（表2-2）。

我国亚热带丘陵茶园的高辐射能，既不利于茶树正常生长代谢，又加剧了茶园水分流失。种植遮阴树不仅仅可以调节光照强度，还可以改善茶园光质，增加散射

表2-2　不同遮光条件下对茶叶生化成分的影响

（潘根生、高人俊，1986）

| 成　分 | | 遮光度（%） | | |
|---|---|---|---|---|
| | | 0 | 45~50 | >90 |
| 每100g氨基酸总量（mg） | | 522.00 | 1044.00 | 883.00 |
| 咖啡碱含量（%） | | 2.55 | 2.69 | 2.88 |
| 儿茶素（mg/g） | 春茶 | 157.10 | 134.68 | 118.32 |
| | 夏茶 | 153.09 | 159.25 | 100.55 |
| 含水量（%） | 春茶 | 75.70 | 76.40 | 80.20 |
| | 夏茶 | 71.60 | 73.40 | 78.00 |
| 每100g维生素C（mg） | 春茶 | 466.93 | 283.49 | 188.44 |
| | 夏茶 | 273.80 | 125.40 | 81.32 |

辐射比例，改善茶树生长发育环境，从而提高茶叶品质，单位面积生产效益也得到了提高。除此之外，种植遮阴树还能达到抗旱、抗寒的效果。例如，2007年长沙地区夏秋季干旱严重、2018年早春霜冻严重，有遮阴树的茶园受害程度明显低于无遮阴树茶园（图2-1），表明茶园种植遮阴树可避免或减轻极端温度、干旱对茶树的危害，有利于茶叶品质的提高。

各地光照强度不同，建园措施也有异，以何种树种、何种遮光强度为适宜，应视当地条件和各种建园目标为出发点，合理布置茶园立体栽培模式（图2-2）。

图 2-1　遮阴树防霜冻（树底下明显好于空旷处）

图 2-2　立体生态茶园（云南南涧无量山）

## 二、温度与茶树生长发育

温度，包括气温和地温，影响着茶树的地理分布，制约着茶树生长发育速度。

### （一）气温

茶树与其他植物一样，有其生育的最低温度、最适温度和最高温度范围。一般认为，茶树的生物学最低温度是10℃，当气温升至此温度以上，茶树开始生长。茶树最适温度指茶树在此温度条件下生育最旺盛、最活跃，大多数品种最适生长温度为20～30℃，在此温度范围内，如其他生育条件满足其生长需要，则随温度升高生育速度加快，但日均气温高于30℃，新梢生长则出现缓慢或停止。一般情况下，茶树可短时间耐35～40℃温度，如气温持续7d超过35℃，新梢会出现明显的受害状，幼嫩枝叶呈萎蔫状，枝梢将枯萎、落叶（表2-3）。

表2-3 日平均气温与茶树新梢生长速度的关系
（段建真，1993）

| 项目 | 轮次 | 10～15℃ | 16～25℃ | 26～30℃ | >30℃ |
|---|---|---|---|---|---|
| 日新梢平均生长量（mm） | 一 | 0.2～0.4 | 0.8～2.1 | 0.1～0.5 | 0.0～0.2 |
| | 二 | | 0.1～1.4 | 0.2～0.6 | 0.0～0.1 |
| | 三 | | 0.1～0.3 | 0.8～1.1 | 0.0～0.2 |
| | 四 | | 0.5～1.5 | 0.4～0.9 | 0.0～0.1 |
| 日叶面积平均生长量（mm²） | 一 | 5～30 | 40～85 | 20～50 | 0～4 |
| | 二 | | 20～45 | 10～55 | 0～2 |
| | 三 | | 10～42 | 10～30 | 0～2 |
| | 四 | | 15～40 | 10～45 | 0～3 |

### （二）地温

地温与茶树生育的关系与气温一样，十分密切。据调查，当地温为8～10℃，根系生长开始加强，25℃左右生长最适宜，35℃以上时，根系停止生长（表2-4）。

表2-4　日平均地温与茶树新梢生长速度的关系

(段建真，1993)

| 轮次 | 9～13℃ | 14～20℃ | 21～28℃ | >28℃ |
|------|---------|----------|----------|-------|
| 一 | 0.2～0.4 | 0.9～2.1 | 0.3～0.6 | 0.0～0.1 |
| 二 | | 0.3～1.5 | 0.2～0.6 | 0.0～0.1 |
| 三 | | 0.2～0.3 | 0.8～1.0 | 0.0～0.2 |
| 四 | | 0.5～1.5 | 0.5～0.8 | 0.0～0.1 |

注：试验土层深度为5cm，调查地点为杭州茶区。

早春气温低，地温更低，为促使茶芽早萌发，人们常采用耕作施肥和利用地表覆盖等技术措施，疏松土壤，加强地上与地下气流的交换，以及保温保暖，可有效提高地温，促使根系生长；夏季，地下5～10cm土层温度可升至30℃，通过行间铺草或套种绿肥（如平托花生、茶肥1号等）等措施，降低地温（表2-5）。

表2-5　茶园套种平托花生对夏季土壤温度的影响

(黄东风等，2002)

| 项　目 | 地表 | 5cm土层 | 10cm土层 | 15cm土层 | 20cm土层 |
|--------|------|---------|----------|----------|----------|
| 对照（℃） | 40.65 | 31.25 | 29.65 | 27.35 | 26.40 |
| 套种平托花生（℃） | 32.45 | 28.90 | 26.75 | 26.55 | 25.65 |

茶树作为多年生作物，在整个生长发育过程中，不可避免地经常受到高温和低温胁迫。但通过自身的调节作用，其形态结构和生理上会发生一定的适应性变化，从而能够耐受一定程度的高温和低温影响。在茶叶生产上，可以通过肥培和水培管理、控制树冠高度、茶园覆盖保水保温等，一定程度上提高茶树对温度的适应能力；选择耐寒性强的品种，从根本上防止寒害发生等。

**（三）干旱与冻害**

**1.干旱。** 土壤相对含水量低于70%时；日平均气温30℃左右，持续7d无有效降水；清晨茶树叶片无露水，失去光泽，中午嫩叶有萎蔫现象。当上述有任一现象出现时，需进行抗旱。有灌溉条件的茶园应及时采用滴灌、喷灌、流灌、浇灌等方法进行灌溉抗旱，其中滴灌节水效果最好，以0～30cm土壤相对含水量为75%～90%、土握成团不散为灌溉适度的标志。在高温季节，灌溉宜在清晨、傍晚进行，特别是茶苗扦插地和一年生幼龄茶园，中午浇水容易"烫伤"。

待雨透旱情解除后，应因地制宜、因树制宜，及时中耕施肥，补充养分，剪去受害干枯的枝叶，注意病虫害防治，促进新梢生长。对幼龄茶园因茶苗枯死造成的缺株断行，要提前备好茶苗，宜在10～11月与翌年2～3月及时补植。

雨季注意给水池蓄水，供旱期使用。改善耕锄、覆盖、造林工作，增强茶园土壤涵养水分的能力。

**2.冻害。**冻害主要是冰冻、雪冻、干冻和风冻，一般茶树在−4℃以下的低温条件下叶细胞结冰破裂造成不可恢复的冻害损失。遇上较长时间低温寡照天气时，要做好防冻准备。有条件的地方采取冬灌，通过保持土壤0～20cm土层中15%以上的含水率，减轻冻害；用稻草、杂草、修剪的茶树枝条、薄膜、遮阴网等覆盖土壤或茶蓬，土壤覆盖以每亩铺草400～500kg较适宜；喷施抑蒸保温剂，可以起到保温、减少茶树蒸腾的作用，增强茶树抗寒能力；熏烟驱霜保护高效益的名优茶园（"蓝天保卫战"不提倡用此方法）。以上方法均可以达到减轻冻害的效果。

气温回暖、冻害解除后，应加强茶园肥培和树冠恢复管理，如增施早春肥、喷施叶面肥等；对于受冻严重（枝叶枯死、冻枯）的茶树进行修剪，剪去冻害层，因树制宜，冻轻轻剪、冻重重剪，冻害轻微的，春茶前可以不修剪。受害幼龄茶园或修剪程度较重的成龄茶园，应留养春梢，夏茶打顶采摘，以促进茶园早封行早成园。

## 三、水分与茶树生长发育

水是茶树有机体的重要组成部分。茶树各器官的含水量一般为嫩梢75%～80%，老叶65%，枝干45%～50%，根系50%左右。水分不足或水分过多，都不利于茶树的生长发育。茶树生长发育所需水分主要来源于自然降水，空气湿度和土壤水分与其也有着密切关系。

### （一）自然降水

茶树生长所需的水分大部分来源于自然降水。一般认为，适宜经济栽培茶树的地区，年降水量须在1 000mm以上。我国大部分茶区的年降水量为1 200～1 800mm，年降水量最少的是山东半岛茶区，仅600mm左右。有人用干燥指数（气温≥10℃期间蒸发量与降水量的比值）表示茶树对水分的需求，据研究，年干燥指数<1的地区，如果其他生态因子满足，基本上适宜茶树栽培；年干燥指数接近0.7的地区，茶树生长更好，茶叶品质也较高。

### （二）空气湿度

空气湿度与茶树生长发育关系密切。当茶园中相对湿度小于60%时，土壤的蒸发和茶树的蒸腾作用显著增加，在这种情况下，如果长时间无雨或不进行灌溉，就会发生土壤干旱，影响茶树的正常生长发育和茶叶的产量与品质；如果小于50%，新梢生长就会受到抑制；小于40%，对茶树有害；但空气湿度大于90%时，空气中的水汽含量接近饱和状态，这对茶树新梢生长虽然有利，却容易导致与湿害相关的病害发生。所以，茶树生长期间，空气湿度80%～90%比较适宜，茶树表现为新梢持嫩性强、叶质柔软、内含物丰富。例如，一些历史名茶君山银针、碧螺春、狮峰龙井、庐山云雾等，多由于所在产区山高云雾缭绕空气湿度大，或近江河湖泊，水汽交融，一般茶叶品质均极佳。

### （三）土壤水分

土壤水分对茶树的生长发育有着较大的影响。适宜的土壤含水量能促进茶树生长，不足或过量都会使茶树生育受阻。一定土壤条件下，土壤含水量为70%～90%适宜茶树生长，此时根系活力、对营养物质的吸收（除钾外）均是较强的，根系在土壤中分布范围最广，根系总量和吸收根量最大（表2-6）。

表2-6 土壤水分对茶树根系生长和活力的影响
（王晓萍，1992）

| 土壤相对含水量（%） | 根系分布范围（cm） | | 根系干重（g） | | 脱氢酶活性 [μg/ (g·h) ] |
|---|---|---|---|---|---|
| | 深度 | 宽度 | 总根量 | 吸收根量 | |
| 50 | 13.8 | 13.1 | 4.40 | 1.03 | 0.872 |
| 70 | 17.5 | 16.9 | 6.60 | 2.33 | 1.303 |
| 90 | 18.4 | 17.1 | 7.83 | 2.70 | 1.239 |
| 110 | 10.9 | 11.4 | 4.14 | 1.27 | 0.401 |

注：脱氢酶活性采取 TTC 比色法测定。

## 四、海拔高度与茶树生长发育

海拔高度不同，光、热、水、气、土、肥等条件也不相同，因而影响茶树的生长发育和产量品质。随着海拔高度的升高，月平均气温、年平均气温和≥10℃的活动积温都明显地降低。海拔高度每上升100m，气温大致降低0.6℃左右，年活动积温减少180℃。海拔高度越高，气温越低，积温越少。

山地降水量在各海拔高度上也不相同，在某一海拔高度以下，降水量随高度的增加而递增，达到一定高度以后，降水量随高度增加而递减。这个高度随地理纬度和周围山地的情况而变化，我国长江中下游茶区，这个高度在2 000m左右或以下，由于茶树种植的适宜高度一般都在1 000m以下。因此，海拔1 000m左右的山地，降水量随高度升高而增加。

海拔过高，温度降低，积温减少，生长期缩短，易受冻害。因此，茶树种植高度，并不是越高越好，而应根据当地的气候条件等因子综合确定。有研究表明，在我国亚热带东部地区，海拔400～800m山坡上种茶，茶叶品质较好。

## 五、生态茶园

茶叶是采摘后直接加工且成品茶叶很少加以清洗就即泡即饮的，因此，要求茶园建设应远离城市、工厂、居民点、公路主干道，避免空气、水源和固形物污染（表2-7、表2-8）。

### 表2-7 不同高度空气中铅含量水平
(中国农业科学院茶叶研究所)

| 高度（cm） | Pb（$\bar{x}\pm SD$）（mg/L） |
|---|---|
| 20 | 15.88±2.90 |
| 50 | 13.98±5.33 |
| 100 | 8.50±0.95 |
| 150 | 5.92±1.69 |
| 200 | 5.21±0.96 |

### 表2-8 无公害茶园、绿色食品茶园和有机茶园环境空气质量标准

| 项　目 | | 1d平均浓度（mg/m³） | | 1h平均限值（mg/m³） | |
|---|---|---|---|---|---|
| | | 无公害/绿色食品茶园 | 有机茶园 | 无公害/绿色食品茶园 | 有机茶园 |
| 总悬浮微粒（TSP）（标准状态）≤ | | 0.30 | 0.12 | — | — |
| 二氧化硫（$SO_2$）（标准状态）≤ | | 0.15 | 0.05 | 0.50 | 0.15 |
| 二氧化氮（$NO_2$）（标准状态）≤ | | 0.10 | 0.08 | 0.15 | 0.12 |
| 氟化物（F）（标准状态） | 滤膜法≤ | 7μg/m³ | 7μg/m³ | 20μg/m³ | 20μg/m³ |
| | 挂片法≤ | 1.8μg/(dm³·d) | 1.8μg/(dm³·d) | — | — |

注：1d平均或1h平均指任何一天或任何一小时的平均浓度。

周围有较丰富的森林植被覆盖、空气清新、气候温暖湿润、生态环境良好的地区最为适宜植茶。不过，深山老林或特别偏僻的山区虽然生态环境好，但交通困难，不利于茶园的管理、茶叶采收和运输等，发展茶园时应慎重考虑。

生态茶园建设的主要目的是通过构建立体生态茶园模式，结合茶树的生物特性，采用立体复合栽培，实现生态群落的群体共生。而这一模式的建立需要合理选择茶树品种和与之相适应的套种植物，组成2~3层林冠及地被层的生态系统，使得各物种间协调发展，充分利用地力，取得最大的经济效益和良好的生态效益。林—茶—草立体生态茶园即是在同一茶区内，以茶为主，利用茶树行间种植1种或1种以上果木，茶行间种植保肥保墒绿肥草类的复合茶园类型，是立体复合茶园生态系统的重要组成部分。

### （一）立体生态茶园配植林木种类

生态茶园建设要遵循茶树生长的生态学规律。充分利用与茶树互利共生的植物种类，优化配置，探寻有利于提高茶叶品质的茶园生态栽培模式。为茶树搭建起合理的立体生态，进而改善茶园的光、温环境，为鲜叶中香气类物质的形成与积累创造良好的生态环境。在茶园的上风口进行防风林的栽植，道路的两边种植行道树及遮阴树。从茶—林共生的角度出发，主要栽种具有一定经济价值的品种，如杉树、樟树、桐树等。种植的林木要因地制宜、合理布局，使之更有利于茶树的生长。种植遮阴树能使茶园在强光照条件下得到理想的光照，还可使树冠叶表温度降低。南印度茶园的遮阴树以山龙眼科的银桦为主，效果很好。

### （二）立体生态茶园种植绿肥种类

茶园种植绿肥不仅能起到保墒保肥的功效，而且能为茶树生长提供天然的肥料来源，增加茶园生物多样性，提高鲜叶品质。茶园绿肥的种植根据茶树的实际种植密度优化选择。一般选用一年生或多年生适宜茶园间作，且不会与茶树有明显的养分、水分的竞争关系，同时在人力成本上要相对低廉，可以根据茶树不同季节的生长需要合理控制，可刈青或翻埋的绿肥品种。绿肥的种类还可根据采摘鲜叶质量的要求进行适当选择，如采用茶肥1号、白三叶草、玉米草、紫云英、黑麦草、黄花苜蓿等。

### （三）立体生态茶园复合栽培

茶园栽培的模式不同，其形成的茶园小气候也各不相同，茶园内的气温、地温与茶园间作的植物类型和间作密度有着密切的关系。有研究发现，在茶园进行豆科作物的套种，在夏季能够显著降低茶园地表温度；在温度较高的4～7月，套种白三叶草的茶园较单一纯茶园，土壤的降温效果非常明显，且降温效果随温度的升高而增强，复合茶园地表最高温度出现时间比纯茶园滞后了将近30d，有效地降低了茶园热害的程度；在对板栗—茶树间作模式的研究中发现，复合茶园的气温和土壤温度变化情况，更有利于茶树的生长发育，而这些变化与绿肥、林木对太阳辐射能和土壤辐射能的隔断、反射有着密切的关系。

# 第二节
# 茶园土壤

茶园土壤指能够生长茶树的地面表层，是茶树生长重要的生态因子，它提供茶树生长所必需的矿物质元素和水分，它和茶树之间有频繁的物质交换。土壤的物理环境、化学环境及生物在土壤中的活动，都直接影响到茶树的生育。

## 一、土壤物理条件与茶树生长发育

### （一）土壤质地

土壤固体部分95%以上都是直径大小不同的矿物质颗粒，这些大小不同的颗粒按不同比例组成不同的土壤质地，不同质地的土壤胀缩性、吸湿性、透水性和养分含量不同。《茶经》记载"上者生烂石，中者生砾壤，下者生黄土"，适宜茶树生长的土壤应该是质地疏松、土层深厚、排水良好的砾质、沙质壤土。凡砂岩、页岩、花岗岩、片麻岩和千枚岩风化物所形成的土壤，通透性好，都适宜种茶。例如，含硅多的石英砂岩与花岗岩等成土母质，能形成适合茶树生长的沙砾土壤，在其中生长的茶树发根多；由千枚岩、页岩风化的土壤养分含量丰富，种植在这种土壤中的茶树所产茶叶品质好。有研究结果表明，不同土壤类型种植茶树，茶叶品质优劣排序为：硅质黄壤＞砂页岩黄壤＞第四纪黏质黄壤＞小黄泥＞黄棕壤。

茶园土壤有效土层在1m以上，上部质地轻沙质、沙壤质，下部中壤质，无黏盘层或铁锰硬层，排水良好，团粒结构较好的土壤有利于茶树生育，且产量高、品质较好。如果底层有黏土层或硬盘层，会造成排水不良或地下水位高，茶树根系较长时间处于缺氧状态，呼吸不良，根系受毒害，新梢萌发力弱，严重时整株茶树死亡。

### （二）土壤三相

土壤三相（固相、气相、液相）是土壤物理性状（容重、孔隙度、空气容积、水分含量）的综合反映。土壤透气性随土壤容重、孔隙度、团粒结构等的变化而变化，土壤透气状况直接影响着氧气的供应、土壤生物活性，进而影响着土壤有机质含量、土壤呼吸、微生物数量及茶树根系生长量和吸收能力。土壤三相的比例关系不仅反应土壤的通透性，更能反映土壤水、肥、气、热的协调度，进而影响着茶树的生长、产量和茶叶品质。多地高产优质茶园的调查表明，表土层0～20cm处固相：气相：液相平均约为40：26：34，容重约为1.01g/cm³，孔隙度约为60%；心土层20～40cm处固相：气相：液相平均约为42：18：40，容重约为1.11g/cm³，孔隙度约为57.47%（表2-9）。与一般茶园和低产茶园比较，高产优质茶园三相比合理，土壤容重小，孔隙度大，土壤透气性好，有利于茶树根系生长发育及对水分、养分的吸收，有利于根部茶氨酸的合成，茶叶产量高，品质优良。

表2-9　土壤物理性状与茶树生长势比较
（魏国雄，1996）

| 茶园类别 | 茶叶亩产量 (kg) | 土层 (cm) | 容重 (g/cm³) | 总孔隙度 (%) | 固相 (%) | 气相 (%) | 液相 (%) | 样本数 |
|---|---|---|---|---|---|---|---|---|
| 高产茶园 | >600 | 0～20 | 1.01 | 60.50 | 39.50 | 26.12 | 34.38 | 31 |
| | | 20～40 | 1.11 | 57.47 | 42.53 | 17.70 | 39.77 | |
| 一般茶园 | 300～600 | 0～20 | 1.20 | 54.50 | 45.50 | 20.04 | 34.46 | 26 |
| | | 20～40 | 1.25 | 52.55 | 47.45 | 12.57 | 39.98 | |
| 低产茶园 | <300 | 0～20 | 1.28 | 51.61 | 48.39 | 16.02 | 35.59 | 14 |
| | | 20～40 | 1.39 | 47.89 | 52.11 | 11.22 | 36.67 | |

## 二、土壤化学性状与茶树生长发育

### （一）土壤酸度

茶树是喜酸性土壤的植物，适宜植茶的土壤pH一般为4.0～5.5。浙江、湖南、四川、广东等省21块丰产茶园土壤pH测定结果是，有2块丰产茶园的土壤pH为4.0以下，占测定地块的9.5%；14块丰产园土壤pH为4.1～4.5，占66.7%；5块丰产园土壤pH为4.6～5.0，占23.8%。

不同条件下培养茶树，其对pH反应有一定的差异。例如，用硝态氮和铵态氮为氮源培养茶苗，其对pH的反应不同，以硝态氮为氮源的最适pH为6.0，铵态氮为氮源的最适pH为5.5，两者的适宜范围为pH4.5～6.0。pH超过6.0，茶苗生长发育不良，叶色发黄，有明显的缺绿症，严重的主茎顶芽枯死，根系发红变黑，导致植株整株枯死。pH为4.0以下的茶苗，发生氢离子中毒症，叶色由绿转暗再变红，根系粉红色。茶苗对氮、磷、钾三要素吸收能力表现为：硝态氮处理中，氮的吸收以pH5.0最强，磷的吸收以pH5.0～6.0最强，钾的吸收以pH6.0最强；铵态氮处理中，氮的吸收以pH4.0～7.0较强，磷的吸收以pH5.0～6.5强，钾的吸收以pH5.5～6.5最强。

茶树根系分泌柠檬酸、琥珀酸、草酸和苹果酸等有机酸，加上栽培过程中，施肥尤其是长期施用生理酸性肥料（如硫酸铵），随着植茶年份的增加，会逐渐使土壤进一步酸化（表2-10），影响土壤对氮、磷、钾三要素的吸收。有研究表明种植茶树加速了土壤中硅酸盐化合物和含铁化合物的矿化，也加速了土壤中钾、钙流失和铝硅累积，同时植茶引起的土壤侵蚀加剧也是导致茶园土壤酸化的原因之一。施肥中配施猪粪可以有效减缓pH下降趋势，或用石灰、秸秆生物质炭、钙镁磷肥和蚯蚓液态肥也可改善土壤酸性。

### 表2-10　不同年限茶园土样pH
（李赛君，2016）

| 地块编号 | 植茶年限 | pH |
|---|---|---|
| 1 | 65年（1951年御茶园） | 4.18 |
| 2 | 40年（1976年资源圃） | 3.90 |
| 3 | 30年（1986年4号地） | 3.69 |
| 4 | 15年（2001年3号地） | 3.91 |
| 5 | 6年（2010年名茶基地） | 3.88 |

注：1.取样地点为长沙县高桥镇湖南省茶叶研究所实验茶场，1号地近20年每年仅除草不施肥；2号地仅施基肥，每2年施一次；3～5号地施肥水平同普通生产茶园，每年施基肥1次、追肥2次。2.取样土层深度为0～20cm。

#### （二）土壤养分

除了土壤pH对茶树生育有着十分明显的影响外，土壤有机质和无机养分也一样影响着土壤理化性状，进而影响茶树生育。有机质含量是茶园土壤熟化度和肥力的指标之一。土壤有机质含量高，则土壤容重小，孔隙度增大，固、液、气三相比理想。高产优质茶园的土壤有机质含量要求达到1.5%以上（表2-11）。

表2-11　高效丰产茶园土壤主要理化性状参考指标

(中国农业科学院茶叶研究所)

| 主要理化性状 | | | 主要化学性状 | | |
|---|---|---|---|---|---|
| 有效土层厚度 | | 80cm以上 | 酸度 | 水浸出液 | pH 4.5～5.5 |
| 耕作层厚度 | | 20cm以上 | | 盐浸出液 | pH 3.5～5.0 |
| 土壤质地 | | 沙壤—重壤（带砾石） | 交换性铝 | | $Al^{3+}$ 0.01～0.04 mmol/g |
| 容重（壤土类） | 表土层 | 1.00～1.20g/cm³ | 交换性钙 | | $Ca^{2+}$ 0.04mmol/g以下（即CaO 0.1%以下） |
| | 心土层 | 1.20～1.45g/cm³ | | | |
| 孔隙度 | 表土层 | 50%～60% | 盐基饱和度（壤土类） | 钙 | $Ca^{2+}$ 50%以下 |
| | 心土层 | 45%～50% | | 镁 | $Mg^{2+}$ 10%上下 |
| | | | | 钾 | $K^+$ 5%以上 |
| 三相比 | 表土层 | 固：液：气为50：20：30 | 耕作层 | 有机质 | 1.5%以上 |
| | | | | 全氮 | 0.10%以上 |
| | 心土层 | 固：液：气为55：30：15 | | 有效氮 | 100 mg/kg以上（水解性氮） |
| | | | | 速效磷 | 10 mg/kg以上（稀盐酸浸提） |
| 透水系数 | | $10^{-3}$cm/s以上 | | 速效钾 | 80 mg/kg以上（醋酸铵浸提） |

注：土壤容重、养分含量等易变动的性状是指全年茶季结束后，土壤相对稳定期的测定值。

　　土壤是茶树生长的基础，从各地茶叶生产实践来看，优质高产茶园土壤一般具有以下特点：一是土层深厚、疏松，一般要求有效土层厚度100cm以上，表土层20～30cm。二是土壤质地沙、黏适中，以利土壤保水、保肥和通风透水，提高抗旱能力。三是pH适中，酸度过大，土壤中水溶性铝易被溶出，积累在根尖，有碍养分吸收，氮、磷、钾、硫、镁、钙等元素有效度降低，影响土壤质量。四是土壤有机质及养分含量丰富。

## 三、茶园土壤改良

　　土壤有机质匮乏、质地黏化和沙化、营养元素不平衡、湿害、土层浅薄、酸化等因素都会影响茶树生长，会造成茶园低产低质，严重影响到茶园生产效益，需加以改良。

## （一）有机质匮乏及改良

土壤有机质含量高低是土壤肥力水平的重要标志，与茶叶品质和产量关系密切。低丘红壤、第四纪红黏土母质发育的黄筋泥和第三纪红砂岩母质发育的红沙土，是我国茶园的主要土壤资源。有研究对浙、赣、湘、粤、黔、皖、桂等省份第四纪红黏土母质发育而成的低丘黄筋泥茶园有机质含量进行了调查，发现在0～45cm土层内，有机质含量水平高低不一致，高的达5%以上，低的不到0.1%，其中含量高于3.1%的高水平茶园仅占3.6%，含量在2.0%～3.0%较高水平的茶园只占6%，含量在1.1%～2.0%中等水平的茶园占21.7%，含量在0.5%～1.0%较低水平的茶园占37.4%，含量在0.5%以下的较低水平茶园占32%。由此可见，第四纪低丘红黏土有机质含量大多属于低水平。其原因主要是原背景土壤含量低，也有因初垦时的消耗和土壤冲刷所致。

提高有机质含量的方法很多，如增施有机肥，提高土壤覆盖、防止表土冲刷，平衡施肥促进无机向有机物质转化，合理密植增加茶树凋落物的数量，茶园周期性修剪且枝叶还园，套种作物建立生态立体茶园等。湖南省茶叶研究所的研究表明，在开园时用大豆、花生、油菜、萝卜等秸秆作物，埋入有机质含量较低的幼龄茶园作底肥，开园后的第1年在0～25cm土层内有机碳积累超过消耗，从原来的10.69g/kg增长到11.24g/kg；茶园套种豆科、圆叶决明、平托花生和高产高纤维含量的绿肥等，3年中比没有套种的水土流失少，且效果一年比一年好；表土的有机质比不套种的增长15%。

## （二）土壤酸化及改良

土壤酸度影响着土壤物理性质、土壤养分有效性和土壤生物活性。如果酸度合适，不仅茶树地上部分生长好，地下部分的根系也发达，吸收能力也强。但有些茶园过分追求高产，长期大量施用化学肥料导致土壤酸化严重，有研究表明，随着氮肥用量的增加和施用年限的延长，酸化程度明显加深，相较硝酸铵和氯化铵，尤以硫酸铵生理酸性肥酸化能力最强，其影响程度最深，可影响到45cm以下土层的pH。除此之外，茶树根系分泌的有机酸及环境污染导致的酸雨等也是土壤酸化的原因。

对茶园土壤酸化进行有效防治和改良，可以通过定期监测及时了解酸度变化、增施有机肥提高土壤缓冲能力、调整施肥结构防止营养元素平衡失调、增施白云石粉调整土壤pH、植树造林改善茶园生态减少酸雨率和降低酸雨酸度等措施实现。

例如，对已经酸化的土壤要多施钙、镁、磷肥来替代过磷酸钙，或根据茶园土壤特点，将几种肥料复配成茶树专用肥，平衡土壤营养条件，改善土壤酸化；对于土壤pH在4.5以下、长期施氮肥和钾肥引起缺镁的茶园施白云石粉，不仅起到土壤酸度改良的作用，还能改善缺镁症。具体施法为：白云石粉碎过100目筛，在茶树地上部分生长结束后按每亩撒施25～50kg在茶行间，然后结合耕作翻入茶园，或与基肥混合一起开沟施入，一年一次或隔年一次，茶园土壤pH升到5.5后停止施用。

### （三）土壤污染及防治

茶园土壤污染指随工业废水废气废渣、汽车废气、生活废弃物、肥料中重金属等进入土壤中的有害、有毒物质超出土壤自净能力，导致土壤物理、化学及生物学性状逐渐恶化变质的现象。茶园土壤污染引起茶叶污染，危及茶叶质量安全。有研究对公路旁茶园土壤铅含量进行分析，结果表明，土壤铅含量与离公路的距离呈明显的相关关系（表2-12）。

表2-12　公路对茶叶鲜叶中铅含量的影响
（中国农业科学院茶叶研究所）

| 茶园与公路的距离 | | 铅含量（mg/kg） | |
|---|---|---|---|
| | | 鲜叶 | 灰尘 |
| 杭州茶园 | Ⅰ（10m） | 6.87 | 191.18 |
| | Ⅱ（50m） | 4.81 | 178.71 |
| | Ⅲ（100m） | 6.04 | 163.4 |
| 江苏茶园 | Ⅰ（10m） | 3.81 | 55.56 |
| | Ⅱ（50m） | 3.45 | 46.56 |
| | Ⅲ（100m） | 2.57 | 49.91 |
| 安徽茶园 | Ⅰ（10m） | 3.37 | 71.78 |
| | Ⅱ（50m） | 2.54 | 67.18 |
| | Ⅲ（100m） | 2.66 | 40.02 |

土壤一旦受到污染，尤其是有害重金属污染后，修复很困难，所以要以预防为主。一是植树造林改善生态，减缓工矿废弃、汽车尾气等大量沉降物对茶园土壤的污染。二是加强对肥料质量的检测和监控，不施未经无害化处理的农家肥和不符合国家标准的商品有机肥、化肥等，防止施肥对土壤的污染。三是适当采用修复措

施，对某些农药、重金属污染严重的土壤进行修复。例如，肥田萝卜、茉莉花、蓖麻等根系对铅、镉等有很强的富集能力，通过这些植物的间作，逐步使污染的土地得到修复；白云石粉可钝化土壤铅的活性、硫酸亚铁可钝化砷的活性、磷肥可钝化汞的活性等，当土壤遭受这些元素污染时，可选择相应的化合物去钝化，降低茶树对它们的吸收。

# 第三节
# 茶园建设

茶树是多年生作物，经济有效年限长达40～50年，甚至更长。茶园建设应从长远考虑，要坚持高标准、高质量的原则，要以优质高效为核心，实现茶园园林化、生态化和适于田间耕作管理机械化。

## 一、园地规划

### （一）园地选择

茶树是多年生作物，所以园地选择尤为重要。根据茶树生长习性，以选择自然肥力高、土层深厚、质地疏松、透气性好、无塥层、不积水、腐殖质含量高、养分丰富且平衡的土地建园为宜。茶树最适的pH为4.0～5.5，生长有映山红、马尾松、竹子、蕨类等酸性指示性植物的地方都适合植茶。地形地势上，以5°～25°坡地或丘陵岗地为宜。除了土壤和地形条件外，交通条件和劳动力也是重要因素。

园地或生产基地的选择，既要考虑茶树生长对环境的要求，又要考虑生产加工劳动力充足、原料物资运输方便等因素，全面分析、综合平衡而定。

### （二）区块划分

茶园划分为区、片、块，"区"的分界线以防护林、主沟、干道为界，"片"可依独立自然地形或支道为界，片内再划分为若干"块"。依面积大小和自然地形划分，尽可能划成长方形或近长方形，以10亩左右为一块，长度不超过50m，实现茶园连片、茶行成条。建园规划时，根据当地的实际情况，尽可能考虑茶园机耕、机采、机剪的要求，实现机械化和集约化管理，以提高管理工效，降低劳动强度，降低生产成本。

**（三）道路建设**

茶园道路的设置，要便于园地的管理和运输畅通，尽量缩短路程、减少弯路。为了少占用地（道路面积占总茶园面积的5%左右），应尽可能做到路、沟相结合，以排水沟的堤埂作道路。茶园开垦之前就要预留出支道、步道的位置，然后边开垦、边筑路。

1.**主干道**。60hm²以上的茶园要设立主干道，是各生产区的纽带，连接场、厂（各作业区、队）与外部公路、铁路或货运码头。一般路面宽6～8m，转弯处的曲率半径通常应大于15m，可供2辆货车相对行驶。主干道两旁开设水沟，种植常绿乔木型树木。

2.**支道**。连接主道和地头道，是茶园划分区片的分界线，是园内运输、机具下地和小型机具行驶的主要道路。一般路面宽4～6m，转弯处的曲率半径通常应大于10m，可供1辆卡车或拖拉机单独通行。面积较小的茶园，可不设主干道，但支道实际上就是园区的主干道。

3.**操作道**。作为茶园划块的界线，与主干道或支道相连，是下地作业与运送肥料、鲜叶等物资进出茶园的主要道路。一般宽1.5～2.0m，两操作道之间的距离宜设在50～100m。

4.**环园道**。设在茶园四周的边缘，作为茶园与周围农田、山林及其他种植区的分界线，起到防止水土流失及与园外的树根、竹根等侵入茶园的作用。

每片茶园茶行两端的操作道或环园道，应按机耕地头道的要求设置，为茶园机械调头使用。路面宽度一般为2～3m。坡度较大处的支道、步道修成S形迂回而上，以减少水土冲刷并便于行走。

**（四）水系建设**

我国许多茶区处于降水不平衡状态，特别是遇干旱气候会导致茶叶减产和品质下降，因此，茶园水源涵养尤显重要。为保证茶园涝可排、旱可灌，建园之前必须做好水系建设规划。

1.**蓄排水沟**。茶园四周设置隔离沟，深80～100cm，宽50～100cm。园内每相距40～50m设置横水沟（坡地沿等高线设置），深60～70cm，宽50～60cm，能有效地拦截地面径流，减少水土冲刷，且使雨水蓄积于沟内，再慢慢渗入土壤中。在多片茶园之间，道路两旁设置纵水沟，深70～80cm，宽60～70cm。横水沟和纵水沟相接，纵水沟与隔离沟相通，隔离沟连接园外水渠、山塘。纵水沟内每20～40m

设置沉沙函。在地下水位高或雨季临时性渍水严重的地块应设置明沟和暗沟双层排水系统，明沟沟深要求大于1m，来排除地表水；暗沟设在1m以下的土层内，用聚乙烯排水管或用砖石砌成或用卵石、碎砖块铺成，再在上面覆盖粗砂泥土，用来排除深层渍水。

2.蓄水池。山坡坡段较长时，适当增设蓄水池，按每20～30亩茶园设置一个容量为5～10m³蓄水池的标准设置，并与茶园内水沟相连。

3.灌溉系统。把外部水源引进蓄排水沟进行茶园流灌，或采用中压旋转式喷头进行茶园喷灌，一般扬程可达20～40m，喷水量为3～10m³/h。

### （五）建园方式

茶园布置分直行式茶园（坡度5°以下的平缓地）、等高条植式茶园（坡度5°～25°的缓坡地）和梯式茶园（坡度为25°以上的坡地）。根据园区地形地貌，人为营造防护林、防风带（图2-3），在水沟、水渠、道路及茶园四周广泛种树，美化茶区生态环境。

图2-3　茶园防风带（山东日照）

## 二、茶园开垦

茶园开垦是茶园建设质量高低的关键工程。任务是清除园地中的障碍物，整理地形，深翻土壤并熟化，为栽种茶苗及茶树生长发育，创造良好的土壤环境和地形条件。

茶苗定植前应提前半年或1年对园地进行深耕改土，为茶树高产、稳产、优质打好基础。开垦的深度根据土壤的性质而定，土质疏松深厚的可稍浅些，土质浅薄的应深垦。深垦以秋、冬季较好，秋冬农闲开垦，可以缓解劳动力紧张的矛盾，而且深翻的土块不仅经过冰冻易风化，还可以通过冰冻和太阳暴晒消灭土壤中的病虫害及其虫卵。对于从未垦殖过的生荒地，应进行初垦和复垦。

## （一）初垦

生荒地在茶树种植前的第一次深耕称为初垦，初垦前全面清理场地，尽可能使用机械化作业，可同时修筑道路及进行茶地划区分片，以便于垦殖期间人员机具往来，按片调整地形，还能减少道路部分土壤深翻的工作量。

1.平地开垦。深度要求在60cm以上，深翻后不必打碎土块，以利于蓄水、熟化，提高深耕效果。缓坡地开垦，应沿等高线横向开垦，对坡面不规则的地块应按"大弯随势、小弯取直"的原则，对局部凹凸地形要控高填低并回填表土，翻耕深度60cm以上。

2.坡地开垦。沿等高线横向施工，根据园地的土层深度、砌坎材料和土地坡度确定合理的梯宽和梯高，新垦土层60cm以上。茶园梯层的要求：梯层等高，环山水平，大弯随势、小弯取直，心土筑埂，表土向沟，外高内低（呈1°～2°反向坡），外埂内沟，梯梯接路，沟沟相通。梯田的规则是梯面宽1.5m以上，梯高小于1.5m，梯壁斜度60°～80°（图2-4）。

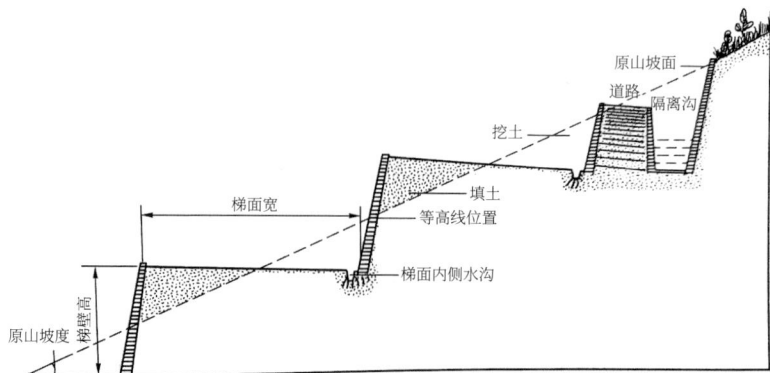

**图 2-4  梯级茶园的横断面示意图**
（注：资料来源于《中国茶树栽培学》，上海科学技术出版社）

熟地开垦，先挖除原作物，清除残留根系，深翻土地60cm以上，暴晒30个太阳日，并用托布津、多菌灵、杀线虫剂等进行消毒处理，对于地下害虫严重的田块，还应考虑配合杀虫剂杀死地下害虫。

## （二）复垦

一般在栽植前进行，深度一般为 30～40cm，进一步清除园地杂草、石块、破碎、疏松、整细土地，以利于移栽茶苗或播种茶籽。梯式茶园的复垦在筑梯后进行，主要是深垦梯级内侧紧土，确保松土层厚度不少于60cm。

## （三）开沟撩壕

为达到预定深度并做到深浅一致，最好采取逐条分层深翻的方法。即先开一条贯穿园地的长沟，挖深25cm，将表土放在沟的一边，继而把下面心土挖松到50cm以上，尽可能把土块打碎，接着紧挨沟边开第2条沟，把挖出的表土顺势填入第1条沟中，再将第2条沟下面的心土挖松，依次逐条分层翻耕直到全面完成。将所需施入的大量绿肥、有机肥料和磷矿粉等，撒于心土之上，使土、肥相混，改良土壤。这种深耕方式可以保留表土不乱土层，并且翻耕深度能达70～80cm（图2-5）。

图 2-5 开沟撩壕施底肥

茶树在定植前深耕配合施肥，对茶树生长及以后的增产提质效果十分明显，而且持续时间长远，耕作越深效果越好，持续时间也越长。

## 三、低产老旧茶园改造

茶树一生要经历幼龄→青年→壮年→衰老的过程，正常栽培管理水平下，常规茶园经济年限40～50年，中高产期可持续20～30年。从茶树一生中的品质而言，幼年到壮年，树冠从小到大，新陈代谢强度不断增强，同化能力日益提高，积累物质递增，新梢有效化学成分含量相应增加，品质优良；从壮年到老年，随着树龄增大，细胞衰老，同化能力减弱，物质代谢水平下降，驻芽频率增多，品质较次。也有部分新建茶园因建园不当、管理不善，茶树出现未老先衰或提前老化、低产低质，需要通过改造加以改变。例如，20世纪80年代以来，有些地区发展30万株/hm²，在1.5米行距中种植3行的密植速成茶园，由于行距小，投产早，初期产量高，但随着年限的增加，茶树个体生长削弱、茶树后期产量下降，茶树出现早衰现象。

几十年来，低产老旧茶园改造积累了"三改一结合"（即改树、改土、改种与培、养、采相结合）的成功经验，其推广对我国茶叶生产的恢复和发展起到重要的作用。在旧茶园的"三改"基础上，20世纪70年代开始研究总结以改变园相、深翻改土、增施肥料、选用良种的一整套换种改植技术。例如，70年代起，全国范围以4.5万株/hm²（150cm×30cm）单条种植方式替代了以前6 000株/hm²的丛播种植方式，使我国茶树种植结构有了很大改变，产量和质量有明显提高。

**（一）改树**

运用修剪、台刈和合理采摘等技术，对低产老旧茶园茶树树冠进行改造，使之形成良好的树冠结构，分枝层数达4层以上，叶层指数达2以上。

**1.深修剪。**采用深修剪可适当降低树势，剪除树冠面上细弱的生产枝，从而培养健壮树势，提高育芽能力。

**2.重修剪。**主要是针对未老先衰的茶树和一些树冠虽然衰老但骨干枝仍然较强壮，有一定的绿叶层，但枯枝较多，育芽能力极弱，芽叶瘦小，叶张薄，对夹叶多，鲜叶自然品质差，产量低的茶树。深修剪与重修剪的时期，以春茶结束后较好，一般应在5月上旬前结束修剪。修剪高度以离地40～45cm处剪去较为合适。

**3.台刈。**主要针对通过深修剪和重修剪仍无法恢复树势的茶树，台刈最佳时间在立春前后，其次是春茶后，以春茶快结束时抓紧进行为宜，修剪高度一般以离地5～15cm砍去地上部为宜。剪口力求平滑，并略呈倾斜。切忌破裂，否则容易造成病虫害侵入，而影响发芽。

**4.合理采摘。**改造2～3个季节后的茶树，树冠高度和幅度未达到开采标准（一般讲树高未达60cm，树幅未达120cm）时，应坚持"以留养为主"的原则，只能采用打顶培育树冠，切忌当成正常茶园采摘。

低产茶园的茶树树冠，不论采取何种修剪方法改造，在树冠养成前都要严格按照茶园对树冠培育的技术要求（参照幼龄茶园定型修剪执行），采用轻修剪和打顶养蓬方法蓄养树冠，直至树冠养成后才能正式投产。

**（二）改土**

土层瘠薄的低产茶园，通过深耕能疏松土壤，增加活土层和孔隙度，提高蓄水能力和透气性，为好气性微生物提供良好的环境，有利于土壤养分的释放和茶树根系的伸展。加培客土，改变土壤结构，也是茶树栽培中的常用措施，尤以苗圃地更为常见。添加的新土多为荒地红沙土或黄沙土，此类土壤pH低、无污染、沥水性好。但添加新土成本高，工作量大，大面积栽茶难以实施。

茶树根系的再生能力极强，它也与茶树地上部一样，在总的生育活动中，表现出初期的离心生长和衰老期的向心生长现象，当衰老茶树进行更新复壮，也就意味着茶树地下部分也趋衰老，也需要更新改造。因此，在改造地上部分的同时，必须采用深耕、深翻等土壤改造措施，改造茶树地下部分，促进根系的更新，达到茶树整体复壮的目的。茶根被切断后首先是切口愈合，然后再从切口处发生新根，形成新的分枝根系，进入下一轮的离心与向心生长过程。

不同的土质、土壤的肥沃程度差异、农业措施的应用，都能诱导根系的分布量和分布方向。深耕改土，可以加强根系向深层分布，在一定深度内开沟施肥，可诱导根系集结在肥层里面。改造后茶园施肥要特别重视增施有机肥，在施用氮肥的基础上，增加磷钾肥的比重，并注意配施微肥，做到科学施肥。

连作障碍又称忌地残毒，指在同一地块连续多年种植同一作物，导致植物生长、发育障碍甚至早衰、死亡等。老茶园发展为新茶园时，幼苗生长发育不良、长势差、生长速度慢，远不如新辟茶园或新垦荒地种茶好，其原因就在于单植茶园对土壤营养、矿质元素的过量消耗，导致新植幼苗营养不良。老茶树根系分泌物的毒素不利于新苗的根系生长，微生物的单一化也不利于土壤元素的循环和转化。低产老旧茶园改造过程中对连作障碍现象应加以注意。

### （三）改种

低产老旧茶园改造方式有改植换种和嫁接换种两种方式，其中，改植换种又分重新换种和套植换种。

1.**重新换种。**老茶园改植良种，需要调整地形与行距的，先挖除老茶树，清除全部根系，再按新茶园建设标准执行。老茶园挖去老茶树后，在原地暴晒7d左右后，粉碎还田，作为底肥深埋底层（图2-6）。定植前，再仔细清除土壤中残留枝叶根茎，清洁土壤，防止残留物对新植茶树的危害，并在此基础上，深翻土地。一般茶树栽培时需要挖30～40cm种植沟，沟内铺上稻草或其他秸秆作为底肥，再施菜籽饼之类的有机肥。

图 2-6　老旧茶园换种后老茶树粉碎还田

**2.套植换种。** 套植换种的茶园，先将老茶树重修剪或台刈，再在茶行中间进行开沟施底肥与定植良种茶苗。待新植茶树覆盖度超过60%时，再挖掉老茶树。

**3.嫁接换种。** 茶树嫁接利用的是砧木茶树原有的庞大根系的吸收能力，使接穗新枝生长远远快于改植换种的幼树生长，从而大大缩短成园时间，在茶叶生产中常被用于品种改良。嫁接具有成园提早、投资少、成本低、操作容易、成活率高等优点。在每年的1~2月，选取将要嫁接的茶树在离地10~15cm处剪断，留3~4个健壮分枝（茎粗0.6cm左右）进行嫁接。接穗选择生长健壮、无病虫害、茎皮呈红棕色、芽比较饱满的一年生半木质化枝条。将采集的枝条剪去叶片，打成捆，系上品种标签，枝条最好是当天采集当天嫁接。每个接穗削成5~6cm长（削口呈斜楔形），保留一个饱满腋芽和一片健壮叶片，上端在距芽0.5cm处剪断备用。将削好的接穗沿靠近砧木切口的一边插入切开的砧木中，使接穗的形成层与砧木的形成层对齐，最后用塑料条将嫁接口及接穗进行绑缚，仅露出穗芽，使接穗与砧木产生有机结合。接穗上的芽正常萌发生长，夏接需30~45d，冬接要到翌年3月底，这段时间管理要精细，做好夏季遮阴、浇水，冬季保温等（图2-7、图2-8）。

## 四、机耕茶园建设

茶产业属于劳动密集型产业，而且生产的季节性很强，季节性劳动用工需求较大。随着经济的发展，农村劳动力逐渐向城镇第三产业转移，许多经济落后边远山

图 2-7 接穗

图 2-8 嫁接后遮阴

区的劳动力输出和转移较多，劳动力缺乏已是很多茶区面临的共性问题。实现茶园机械化，可以降低劳动强度，提高劳动效率，缓解劳动力不足的问题。

在建园时应充分考虑茶园管理，特别是茶叶采摘、茶树修剪、茶园中耕、施肥、茶园病虫害防治，以及肥料、鲜叶等物资的运输作业，多环节的机械化操作需要，如开垦等高梯面、规划茶行长宽度、选择适宜机采的良种等。

### （一）机械化耕作茶园建设

见第二章第三节园地规划，注意道路和水系规划与建设。

### （二）机械采摘茶园建设

为实行机械采茶作业，提高作业效率与安全性，机械采摘茶园必须具备一定的基础和条件，主要包括园地地形和道路、种植方式的规划设计、机采品种的选择、树冠形状的培养等。

新建机械采摘茶园地形与种植方式的设计，在遵循一般茶园园地设计原则的基础上，根据机械采摘特点，提出如下几项参数作为设计的依据：

1.茶园行距设计。湖南省现行的茶园行距，多为1.5m。国产双人采茶机的切割器幅度是按1.5m行距设计，日本进口的双人抬采茶机切割器幅度的种类较多，可按茶园行距选型，但最大行距不能超过1.8m。

2.茶行长度设计。机采茶园茶行长度应根据两个主要因子设计：一是采茶机集叶袋的容量，双人采茶机集叶袋的容量约为25kg（鲜叶）；二是茶园高峰期单位面积一次鲜叶采摘量，每亩约为500kg。

茶行长度的设计公式如下：

$$茶行长度（m）= \frac{采茶机集叶袋容量（kg）}{单位长度茶行一次鲜叶采摘量（kg/m）×0.6^*}$$

注：* 指每行茶都会分往返两次采摘，第一次采过去时一般为 0.6。

$$单位长度茶行一次鲜叶采摘量（kg/m）= \frac{最高一次亩鲜叶采摘量（kg）}{667（m^2）/行距（m）}$$

将上述参数代入公式运算，茶行长度为36m，则机械采摘茶园茶行长度设计为35～40m。

目前，部分茶区耕作施肥也采用机械化，茶行长度应综合考虑耕作施肥机的动力持续时长和肥料箱容量大小等。

**3.茶行走向设计。** 方便鲜叶的集中和减少水土流失，是确定茶行走向的主要依据。一是不论哪种地形，茶行走向一般与步道垂直，或是一定角度与步道相接，每行茶树都可以直通步道；二是缓坡地的茶行走向与等高线平行，梯地的茶行宜顺梯种植。

**4.筑梯长宽设计。** 茶园的地形包括平地、缓坡地和梯地3种类型。平地和缓坡地最适合于采茶机作业，地面坡度超过25°时要修筑梯地才能使用机械采摘。机械采摘茶园的梯面宽度设计公式如下：

$$梯面宽（m）= 茶树种植行数×行距+0.6$$

梯面的长度在地形允许的条件下由茶行长度来确定，一般为35～40m，茶行两端地头各留1.5m空地，作采茶机换行、调头、下叶用。

**5.茶园步道设计。** 为方便小型机动车和非机动车收集、运送鲜叶，机械采摘茶园步道路面宽度应大于普通茶园的路面宽度，一般以2m为宜。

第三章

# 良

# 法

不同品种分别具有各自的特性，如有的品种较耐肥、有的抗性差等，任何品种只有在最佳栽培条件下才能充分发挥其优良特性。但在实际生产中，很多茶企或茶农只重视良种苗木的引进，却忽视了良种良法的配套，导致配套技术与品种特性不相适应的现象普遍存在，这也是造成不同用户对同一品种的评价产生差异的主要原因之一。

良种必须配良法，优良的茶树品种和优良的栽培技术，两者是相辅相成互相促进的。选用或推广良种时，应考虑到当地实际情况、自然条件、所加工茶类特点，有针对性地制定引种计划和栽培制度，抓好基础关、种植关、管理关，采取有效措施，改善不利因素，创造良好条件，促进茶树生育，才能充分挖掘出优良品种的特性。

优良的栽培管理技术分为茶园管理、树体管理和鲜叶采摘等几个方面，主要包括施肥、土壤耕作、灌溉、树冠培养和采摘等。树体管理的目的，是培养树冠，调节养料和水分的输送分配，促进新梢生长密而壮、多而重，以达到高产优质的目的。在生产实践过程中，应注意技术上的配套，依茶树立地条件、树龄、加工茶类而有区别。

# 第一节
# 茶园管理

茶园管理的目的主要是加强营养元素，促进土壤中微生物繁殖，调整土壤三相状态，不断积累肥力，为促进根系生长发育创造良好条件。茶园管理包括耕作、除草、施肥、灌溉、间作、覆盖等技术。

## 一、茶园耕作

茶园耕作是茶园土壤管理的重要方式，有疏松土壤、除草、防治病虫，以及调节土壤水、肥、气、热的作用。按深浅程度不同，可以将茶园耕作分为浅耕、中耕、深耕（表3-1）。

表3-1　茶园耕作类型

| 耕作类型 | 时间 | 深度 | 目的 |
|---|---|---|---|
| 浅耕 | 一般每茶季结束后，结合追肥进行浅耕 | 不宜过深，一般10cm以内 | 保证茶园表土疏松、无杂草 |
| 中耕 | 一般在春季茶芽萌发前进行 | 一般为10~15cm | 可防春季杂草，减少表土水分含量，以利表土吸收太阳辐射，提高土温，促进茶芽提早萌发 |
| 深耕 | 应选择在全年茶季结束时进行，此时进行深耕对茶树断根的再生恢复有利。湖南省及长江中下游地区深耕应在9~10月下旬前完成。在生产上，成龄茶园深耕应与施用基肥相结合，以减少劳力。茶园行间深耕要因地、因园制宜 | 幼龄茶园：种植前已全面深耕的茶园，可不必年年深耕；种植前只进行局部深耕的茶园，必须及早在行间未进行深耕的地方深耕，深度不得少于30cm，宽度以不伤根为限<br>成龄茶园：茶根已密布行间，在深耕时，丛间、行间要深，为20~30cm，丛下要浅，为10~15cm，宽度以40cm左右为宜<br>衰老茶园：台刈改造的同时，土壤深耕50cm | 改善土壤的物理性质，可减轻土壤的容重，增加土壤孔隙度，提高土壤蓄水量。加深和熟化耕作层，加速下层土壤风化分解，将水不溶性养分转化为可溶性养分 |

## （一）幼龄茶园耕作

1.**耕作**。茶树定植前的深耕是把下层的生土翻到上层，新的表土层和心土层生土比例增加，肥力下降。此时，土壤需要耕翻并配施大量有机肥促使生土熟化，提高肥力，以满足1~5龄的幼龄茶树地上部和地下部不断生长和扩大的需要。1~2龄的幼龄茶园一般在0~15cm土层内勤浅耕、勤除草，在秋冬季结合施基肥，离两边茶苗根茎20~35cm处的行间进行深度25~30cm的深耕，随着茶苗不断长大，深耕离茶苗根系距离逐步拉远，行间耕幅逐渐缩小，以防伤到茶树根系。

2.**覆盖**。在幼龄茶园中，为了提高茶园覆盖度，减少水土流失，并保护幼龄茶园在高温季节免受阳光暴晒，营造茶园植物多样性，适当间作一些农作物。茶园植物多样性能扩充茶园生态空间，增加单位空间的生态容量，使茶园生态系统生物链关系复杂化，改变茶园生态条件，为天敌生物提供栖居场所；提高茶园及土壤微生物多样性，改变土壤中的营养结构和矿物质元素的营养循环。例如，选择茶肥1号这类绿肥，对土壤表层覆盖率很高，整个茶行全被其叶茎覆盖，其保水、保湿、防大雨冲刷的作用很强，对杂草也有较强的控制能力，还能丰富茶园生物多样性。茶肥1号对磷肥反应敏感，施少量磷肥就能获得较好的增产效果，对土壤养分的要求没有太大的冲突，并提高了茶园自身供肥能力（图3-1）。

图 3-1 幼龄茶园间种茶肥 1 号

茶园铺草（稻壳）可以减少土壤水分蒸发，改良土壤结构，增强土壤保水蓄水能力，防止土壤冲刷，增加土壤肥力，抑制杂草生长等。用量一般为生草每亩铺300～400kg，干草（稻壳）每亩铺200～300kg（图3-2）。

A 稻草        B 稻壳

图 3-2 幼龄茶园覆盖物

幼龄茶园覆盖地膜，可以起到控草、保水、增温的作用，从而降低除草成本。茶苗定植一般在气温最低的冬季和春初，地温的增加能有效促进幼苗根系生长，达到提高茶苗定植成活率的目的。地膜覆盖物一般有可降解生物地膜、不可降解塑料地膜、耐用型无纺布等，目前生产上推广应用广泛的是塑料地膜和无纺布（图3-3）。

图 3-3 幼龄茶园覆盖地膜与遮阴网

3.间作。果树与茶树混植是新辟茶园和老茶园改造中的常见模式，常见的有柑橘与茶树的混植模式。即每2～4行茶树栽1行果树，果树株距3～4m。果树生长5年后茶园的荫蔽度可达20%～30%。果茶混植茶园，由于摘果、剪枝、病虫害防治等，大大增加了对茶园的干扰，而且有些果树害虫也危害茶树，所以，混植套种一定要充分考虑树木品种、高度、树冠面积、营养需求、水肥要求、病虫害种类与茶树的关系。

**（二）成龄茶园耕作**

茶树成龄后，地上部树冠扩大逐渐封行，行间郁闭，杂草稀少。地下部根系扩大并布满整个行间，尤其是在15～40cm的根层中，两边茶树根系交互生长，深耕、浅耕都会给茶树根系造成不同程度的断根，在一定程度上影响茶树生长。所以，对生长良好树冠较大的高产茶园，一般只需在每个茶季结束后进行15cm浅耕，以打破因采茶践踏而形成的土壤表层结壳，到秋冬季再结合施基肥深耕，沟宽25～30cm、深25cm，时间以9月底至10月初较好，即茶农素有的"七挖金八挖银"之谚（农历7、8月一般为公历的9、10月）。

## 二、茶园施肥

施肥对茶叶产量和品质的影响，在栽培管理中居于首位。20世纪50年代以来，茶园施肥从农家肥到普遍使用化肥发展到专用复合肥；80年代起，出现了平衡施肥的理论，纠正了片面施用某一种肥料的倾向，强调应注意氮、磷、钾各种元素间的平衡，有机肥和无机肥的平衡；80年代后期，在茶区土壤营养背景值调查的基础上，根据茶树吸肥特性，提出了氮、磷、钾三要素配方施肥和增施微量元素（如镁、锰、锌、硫等）的技术研究和推广，茶树专用复合肥的平衡营养施肥技术。这

3次大的肥料品种和施肥技术的更新，标志着我国茶园施肥技术的不断进步，对改良茶园土壤、改善茶叶品质、提高茶园生产力等方面具有明显效果。

### （一）生育周期养分吸收特性

**1.不同生育周期养分吸收特性。**不同年龄的茶树其个体发育不同，对养分吸收和需求各有侧重。幼龄茶树生长快，以营养生长为主，吸收的养分主要供根、茎、叶和芽的生长。据中国农业科学院茶叶研究所的研究，1年生茶苗，在正常生长条件下，每株吸收的氮、磷、钾分别为316、52、156mg；而在第3年，氮、磷、钾吸收量增长10～11倍，分别为3 768、619、1 845mg。幼龄期茶树施肥的目的是培养庞大的根系和健壮的骨架枝，在栽培管理上需对其进行定型修剪，以达快速成园和提早采茶，因此对氮和钾等养分的需求相对较高。成龄茶树吸收的营养物质主要用于提供新梢生长，但同时期茶树的生殖生长也比较旺盛，有相当部分的养分被开花和结实所消耗。据中国农业科学院茶叶研究所的研究，茶树芽叶氮、磷、钾比例约为1∶0.16∶0.42，而花蕾的氮、磷、钾比例约为1∶0.33∶0.83，可见营养生长需要较多的氮，而生殖生长需要较多的磷和钾，生产上可以根据采叶或采种的实际情况调节肥料配比。

**2.年生育周期养分吸收特性。**茶树对养分的吸收和利用与茶树新梢生育时期密切相关。通常条件下，茶树吸收的氮素被分配到根系、茎叶和新梢中，茶树对氮的吸收以4～6月、7～8月、9～11月为多，其中前两段时间的吸收量占总吸收量的一半以上（表3-2）。

表3-2　茶树对氮、磷、钾的吸收动态（%）
（石垣幸三，1986）

| 月份 | 氮 | 磷 | 钾 |
|---|---|---|---|
| 9月 | 18 | 38 | 33 |
| 10～11月 | 21 | 7 | 19 |
| 12月～翌年3月 | 6 | 2 | 0 |
| 4～6月 | 24 | 49 | 25 |
| 7～8月 | 31 | 4 | 23 |

注：以全年为100%计算。

磷的吸收集中于4～6月和9月，一年中茶树营养生长最旺盛的是春季，以形成芽叶为主，对磷的需求比较大；生殖生长最旺盛的是夏秋季，特别是6月以后花芽开始分化并在秋季进入开花期，夏秋季茶籽的生长也进入旺盛期，对磷的需求大。因此，采叶茶园夏秋茶期间要避免施入过多磷肥，以防止生殖生长过旺，影响茶叶产量。

## （二）施肥方法

**1.配方施肥。**从茶园肥料三要素来看，氮素充足，茶树生理活性加强，营养生长旺盛，芽叶嫩度高，能获得较高的产量和品质；磷素可增加多酚类含量，特别是没食子儿茶素的增加，对红茶色、香、味等有良好作用，氮、磷配合施用时，能适当增加蛋白质含量，有利于提高绿茶品质；钾素在茶树体内的流动性很大，能帮助和促进糖类的合成、运送和贮藏，对吸水和蒸腾有较好的调节作用，可提高茶树的抗逆性。在茶树专用肥配方中，"以钾促氮，以磷促氮"效果明显，湖南省茶叶研究所的研究表明，单施钾肥比不施肥10年平均增产21.8%，在氮、磷肥基础上施钾肥比单施磷肥增产37.1%。湖南省茶叶研究所在对湖南省36个县（市）67个茶场的136份茶园土样进行肥力水平测定的基础上，建立了茶园土壤主要养分与茶叶产量之间的数学模型，提出了茶园土壤养分的丰缺指标：干茶产量在 2 250kg/hm² 的茶园土壤0~40cm土层全磷含量＞0.12%，每千克土的有效氮含量＞149mg，每千克土的速效磷含量＞32mg，每千克土的速效钾含量＞110mg。通过试验确定了4种主要土类适宜的氮、磷、钾施肥比例，其中，第四纪红壤和板页岩红壤为2：1：1，石灰岩红壤与花岗岩红壤为1：1：1。这些配方施肥技术不仅能保证氮、磷、钾科学比例，同时避免了施肥过多造成的养分流失。

施肥过程中，应将有机肥、化肥搭配施用，有机肥能改善土壤结构，有利于提高土壤保肥、保墒能力，在早春增加地温。目前茶园中的有机肥主要是菜籽饼肥，氮含量高，其他养分元素含量丰富，是茶园秋、冬季基肥的主要肥源（图3-4）。

图3-4　有机肥与化肥配合施用

化肥以尿素为主，辅以复合肥及部分茶树专用肥，其特点是肥料见效快，但容易流失、挥发、利用率不高。茶树是忌氯植物，幼龄茶树对氯更为敏感，一芽二叶含氯量超过4g/kg，便会出现不同程度的氯害现象。

在施用商品有机肥和化肥的同时，应注重茶园绿肥的种植。近年来，湖南省茶叶研究所通过对茶园适种绿肥筛选，发现"茶肥1号"不仅产青量高达 $4.33×10^5$ kg/ $hm^2$，同时干物质含氮量高达4.04%，是适宜茶园种植的高效绿肥；黑麦草、紫花苜蓿、兰花子等在茶园种植也可以提高茶园有机质含量，丰富茶园养分。

茶树总的生育过程中，除1～3年的幼龄期以外，每年都处于营养生长与生殖生长交替进行的过程，如6月春梢老化，叶腋间叶芽可以分化出花芽，同时上年的幼果迅速增大，此时营养生长与生殖生长争夺养分现象严重。外界营养物质的供应，对生长中心的转移起着调节和控制作用。当重施氮肥时，营养生长就旺，生殖生长相对抑制；当磷、钾营养增加时，有利于生殖生长，芽叶产量相对减少。这时摘除花蕾，迫使营养物质集中运向芽梢，就又能促进营养生长。

**2.肥料用量。**茶树为叶用植物，茶叶生产是以收获其营养器官——新叶为目的，氮素是茶树的生命元素，更是茶叶的品质元素。茶叶中主要内含成分，氨基酸、咖啡碱均为含氮化合物，特别是氨基酸，其含量高是众多名优绿茶共性之一，如黄金茶等氨基酸含量均在4%以上。氮肥还是茶叶产量的决定性因素，因此在茶叶生产中要重视氮肥施用。茶园氮肥施用量应以单位面积茶叶产量为基础，如氮肥按干茶产量的4%计算，即每亩产干茶100kg带走4～5kg纯氮。但单施氮肥或过多的氮肥会使茶树光合作用的糖类大部分用于合成蛋白质，限制了一部分糖类向多酚类转化，结果使多酚类和水浸出物含量降低而影响红茶发酵、降低品质。

据国家茶叶产业技术体系的研究资料，以生产红条茶和大宗绿茶为主的成龄茶园，建议每亩施肥量为：冬季基肥150～200kg菜籽饼（或200～250kg农家肥）、配施50～60kg茶树专用肥（$N-P_2O_5-K_2O-MgO$为18-8-12-2或类似配比），春、夏和秋季三次追肥均为尿素8～10kg。

生产名优绿茶为主的成龄茶园，施肥次数一般每年3次，即秋冬季基肥、春茶前追肥、春茶后追肥（夏肥）。建议每亩施肥量为：冬季基肥为100～120kg菜籽饼（或150～180kg农家肥）、配施40～50kg茶树专用肥（$N-P_2O_5-K_2O-MgO$为18-8-12-2或类似配比），春、夏季追肥均为尿素8～10kg。

**3.施肥时间。**茶树进入休眠期之前施用的铵态氮肥，被茶树吸收利用转化成茶氨酸、精氨酸、谷酰胺贮于茶根中，翌年春季茶芽萌动时，再输送到新梢中。夏茶之前追肥施用的铵态氮，能提高根部茶氨酸、精氨酸的累积量，并随新梢的伸育而下降，缓慢地被茶树生长所利用。因此，茶园具体施肥时间和比例还应根据茶树树龄、春、夏、秋茶产量及产品特征施用。如春季以采名优绿茶为主的茶园应提高氮肥用量，重视秋肥和春肥施用，且春肥要提前到2月中下旬施用，方可达到最佳催芽效果；雨水较少的江北茶区施肥时，特别是施用有机肥时尽可能在雨季到来前施用，这样可以提高肥料利用效率。在长江中下游茶区因茶树生长期长，基肥施用时间可适当推后，于9月上旬至10月下旬施用，而江北茶区的茶园则应提前到8月下旬开始施用。南方茶区则可推迟到9月下旬开始施用，11月下旬结束。早施肥料利用率高，以有机肥作为基肥用时，一般采用沟施（沟深10～20cm）（图3-5）。

图 3-5　开沟施肥

　　茶树根系在年发育周期内的生育活动，与地上部分的生育活动有着密切的关系，表现为与地上部分生长相互交替进行。当地上部分生长停止时，地下部分生长最为活跃；地上部分生长活跃时，地下部分生长就缓慢或者停止。5～6月，地上部分新梢生育比较缓慢时，根系生育相对比较活跃；10月前后地上部分逐渐休眠，此时根系生育达到最活跃阶段（图3-6）。这种交替生长的现象，对养分在树体内的合理分配与利用有着积极的意义。茶树根系生长活跃期，根系的呼吸作用和吸收能力也往往较强，故此时施用基肥，有利于茶树根系损伤的恢复和肥料的吸收。

　　**4.提早春茶萌发的施肥技术。**一是茶园覆盖。茶园覆盖能增（地）温、保墒，稻草、山青或绿肥能明显提高土壤有机质含量，降低土壤容重，改善土壤结构，增加全氮、水解氮的含量和钾的活性。在秋、冬季覆盖能减轻秋旱和冬旱，还有

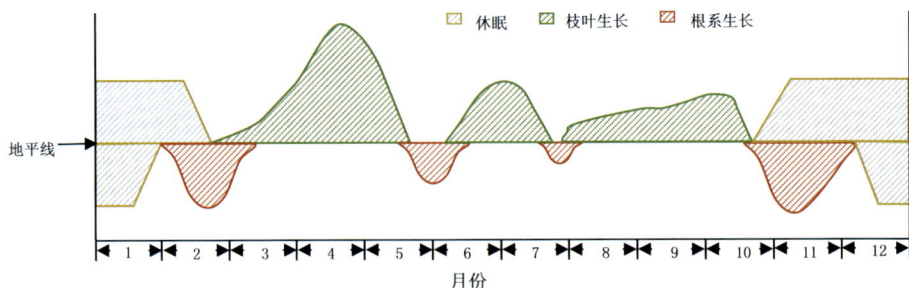

图 3-6　茶树年生长周期活动规律示意图

利于保温，减轻冬季寒、冻对茶树的危害，有利于提早春茶萌发及采摘关键时期
（4～6月）的供水状况。湖南省茶叶研究所对免耕茶园覆盖进行的研究表明，覆盖
后土壤有机质含量、速效养分也相应提高，速效氮、速效磷、速效钾含量分别为
对照茶园的 1.56、1.51、7.81 倍；采用地面覆盖后，茶叶产量比免耕不覆盖增加，
且土壤具有较好的水热效应。二是合理施用叶面肥和生长调节剂。早春时节茶园
土温回升慢，茶树根系活力不强，根系吸收养分有限，可以通过叶面喷施肥料的
方法达到提早春茶萌发的目的，可喷施的叶面肥有尿素（1.0%～2.0%）、硫酸铵
（0.5%～1.0%）、磷酸二氢钾（0.5%～1.0%）、硫酸钾（0.5%～1.0%）。在喷施上述
叶面肥的同时可辅以硼、锌、镁微量元素，促进茶树生长，提高茶叶产量和品质。

## 三、茶园水分

水分是茶树树体的重要组成部分，占茶树生物体总重量的60%左右。水是茶树
生育过程中不可缺少的生态因子，是茶树体内一切生化反应的介质，茶树光合作
用、呼吸作用等活动的进行，营养物质的吸收、运输与分配，都必须有水的参与。

在茶园水分循环中，降水、灌溉和地下水流入是茶园获得水分的几个途径，地
表蒸发、茶树蒸腾、排水、径流、地下水外渗是茶园失水的几个途径。茶园水分不
足引起旱害，过多引起湿害，两者平衡才能实现茶园的优质高效生产。

### （一）茶园灌溉

茶园合理喷灌能解除土壤、大气干旱胁迫，减少树冠的日蒸发量，增加茶园叶
面积指数，提高光合效率，有利于茶叶产量的提高和良好品质的形成。1980—1983
年湖南省茶叶研究所进行的茶园喷灌技术研究表明：不同灌水量处理均能增加绿茶
氨基酸含量、降低酚氨比，幅度分别达21.4%和9.5%，同时还可增加茶叶产量，增

幅为14.7%～34.2%。另有研究表明，在7、8月高温干旱季节进行田间喷灌，可降低地表温度2.0～4.8℃，降幅最大9℃，树冠叶温降低2℃，地上50cm高处大气温度降低6℃；茶园产量比对照增产21.0%～31.5%，茶叶中氨基酸含量显著增加，茶多酚小幅增加，茶叶品质得到提升。

茶园灌溉由茶树的水分代谢状况、土壤水分状况和气象变化状况等因素决定。例如，在茶树生长季节，当茶园土壤含水率为田间持水量的75%～90%时，土壤供水充分；下降到60%～70%时，茶树生长发育受阻；低于60%时，嫩叶细胞开始出现质壁分离，旱象明显。因此，在生产上，当茶树根系集中的土层含水率下降到田间持水量的80%时，茶园应及时灌溉。在高温季节，当日平均气温在30℃左右、水面蒸发量在9mm以上的情况持续7d时，茶树根系浅或土层薄的茶园需要进行灌溉。在干旱无雨季节，一般可以按每7～10d灌水1次，每次灌水800m³/hm²左右。灌溉方式有浇灌、沟灌、喷灌和滴灌等。

1.浇灌。浇灌指直接淋水于茶树根部，具有节约用水、减少水土流失的作用，同时还可以结合施肥一起进行，特别适合没有灌溉设施的苗圃和幼龄茶园的抗旱。浇灌应在早晚时分进行，注意一次性浇透，配施肥料时，肥料浓度不宜过大，尿素浓度控制在1.0%左右为宜。

2.沟灌。沟灌指用抽水泵或其他方式将水引到沟渠后再引入茶行间，是让水边流边渗的灌溉方法。在水源充足的茶区，对于平地茶园和有一定坡向的茶园，都可以采取自流沟灌的方式。为减少水土流失和节约用水，在建园之前应做好合理规划和建设沟渠系统。灌溉量一般控制在可湿透茶树根系主要分布土层，又不导致产生土壤冲刷和地下水渗漏为度。

3.喷灌。喷灌指利用喷灌设备将水加压，于空中将水喷洒在茶树及土壤上的灌溉方式，具有喷水均匀、节水效果好（比沟灌节水50%左右）、工效高等优点，而且还能增加茶园近地层的空气湿度（10%～40%），降低叶温（3～12℃），改善土壤和大气水热状况。冬季喷灌雾滴结冰散热，可以解除霜害和冻害。但喷灌存在投资和折旧费用较高、灌水匀度受风力影响较大（3～4级风可以吹走雾滴）、土壤质地太细时入渗速度慢影响喷灌效果、深层土壤供水相对困难等缺陷，在生产中根据具体情况酌情选用。

4.滴灌。滴灌指利用低压管道系统将灌溉水送至滴头，由滴头将水滴入茶树根际供给茶树生长发育所需水分，是一种最为节水的灌溉方式，特别适合缺水地区。

但滴灌投资大、技术要求高，且存在滴头、滴孔和毛管容易堵塞的缺点。

**5.水肥（药）一体化。**水肥（药）一体化指灌溉与施肥、施药融为一体的农业新技术，是借助压力系统（或地形自然落差），将可溶性固体或液体肥料，按土壤养分含量和作物种类的需肥规律，或病虫防治时期，配兑成的肥（药）液与灌溉水一起，通过可控管道系统供水、供肥（药）。水和肥（药）相融后，通过管道和喷（滴）头形成喷（滴）灌，均匀、定时、定量浸润作物根系发育生长区域，使主要根系土壤始终保持疏松和适宜的含水量；或将农药喷施到茶树冠面，达到病虫防治效果。

茶园对灌溉用水的水质要求清洁卫生，没有污染，无论是自来水、溪水、山塘水、库水或泉水，其有害重金属含量必须达到《农用水源环境质量监测技术规范》（NY/T 396—2000）农田灌溉用水要求（表3-3）。

表3-3　无公害、绿色和有机茶园灌溉用水中各项污染物的浓度限值（mg/L）

| 项　　目 | 无公害茶园 | 绿色茶园 | 有机茶园 |
|---|---|---|---|
| pH | 5.5～7.5 | 5.5～7.5 | 5.5～7.5 |
| 总汞 | ≤0.001 | ≤0.001 | ≤0.001 |
| 总镉 | ≤0.005 | ≤0.005 | ≤0.005 |
| 总砷 | ≤0.1 | ≤0.05 | ≤0.05 |
| 总铅 | ≤0.1 | ≤0.1 | ≤0.1 |
| 铬 | ≤0.1 | ≤0.1 | ≤0.1 |
| 氰化物 | ≤0.5 | | ≤0.5 |
| 氯化物 | ≤250 | | ≤250 |
| 氟化物 | ≤2.0 | ≤2.0 | ≤2.0 |
| 石油类 | ≤10 | | ≤10 |

### （二）茶园排水

强降雨和大雨往往导致茶园田间持水量过量，引起茶园渍水和土壤侵蚀，对茶树的生长产生危害，必须加以排水。茶园排水系统的设置一般兼顾灌溉系统的要求，平地茶园一般设主沟、支沟、地沟和隔离沟，且排灌体系应有机融为一体；坡地茶园一般设主沟、支沟和隔离沟。排水沟关键部位，如沟的连接处、急弯处、截淤坑池、易塌方部位等，应采取用木栏加固、砖石水泥砌护等措施加以防护。沟内设置消力池、沉水凼等截淤坑池，淤泥要及时清理回园。

# 第二节
# 树体管理

茶树总的生育规律指茶树从生命的开始，经生长、发育直至死亡的全过程，这一生命过程可以很长，达数百年之久。整个过程中的不同树龄阶段，生育都依自身的生命活动规律发生变化。了解掌握不同年龄时期茶树的特征、特性，能有效地指导人们在茶叶生产过程中，按规律办事，充分利用合理的技术措施改善茶树的生育条件，从而达到优质、高产、高效的目的。

## 一、茶树主要器官

茶树有根、茎、叶、花、果实和种子等6个主要器官。根、茎、叶是茶树借以制造营养物质的，称其为营养器官；花（茶属植物常以花梗有无作为分类的标志之一，油茶和山茶的花均无花梗，茶树的花有短花梗）、果实和种子是茶树借以繁衍种族的，称为生殖器官。

营养器官和生殖器官并没有原则上的区别，营养器官可以有繁殖作用，如利用根、茎进行扦插繁殖；反过来也是一样，生殖器官是由营养器官发育到一定时期，在一定条件下转化成的。花萼、花瓣、雄蕊在主轴的排列上及其某些形态结构上，都可以找到叶片的特征；花萼和果皮肉的叶绿体，自始至终进行光合作用，具有营养机能。明确这两种器官的共同性是很重要的，可以使茶农有可能采取措施，抑制生殖器官的发育，或利用营养器官进行繁殖，为培育茶树良种创造更广阔的途径。例如，人为的修剪可有效地调控花果的发生，春茶后的修剪，可剪去花芽分化的基础；有目标地剪去细弱枝、衰老枝也可减少花果的发生量，促进营养芽生长，使营养物质的分配中心朝着营养生长方向发展。

茶树种植后3～4年，每年都经历生殖生长，由花芽分化到茶果成熟，约需500d。6～10月，是当年花芽分化、现蕾、开花和受精时期，又是上年开花、受精后的茶果发育成熟时期，此时花、果并茂。但因开花和结实消耗的养分比较多，对采收茶叶而言，不希望茶树有较多的开花和结实。

环境条件优越的情况下，幼龄茶树营养生长旺盛，开花结实迟。在不良环境条件下生育的幼龄茶树，如干旱、寒冷、土层浅薄、管理水平低等，常会引起早衰而提早开花结实（有的茶树在苗期就有开花现象）。随着茶树树龄的增长，树势衰老，花芽发生量增加，生殖生长逐渐增强。

**（一）根**

茶树的根分主根、侧根、吸收根等，并形成根系。根系在茶树生命活动中所表现的机能主要是：支持和固定植株于土壤中；吸收茶树生活所必需的水、二氧化碳和氮、磷、钾、钙、镁、钠、硅等各种无机营养元素；运输根部合成的营养物质到地上部分的茎、叶，同时也将叶的同化产物及茎的一些贮藏物质运输到地下根系各部分；贮藏茶树生命活动所形成的营养物质；萌生根蘖更新树冠；寄生微生物，并与之发生共生现象。

茶树根系除上述机能外，还积极参与植物的物质代谢和生长发育过程，合成茶氨酸、生物碱和激素。例如，氮离子在茶树根系中转化成氮的有机化合物，然后转移到树枝，也就是以茶氨酸为主的各种氨基酸。所以，茶树的生长发育和产量与根系的发育有着密切关系。

**1.根系的形成。** 实生茶苗的根在种子时期就有了幼胚，从其解剖结构中可以鉴别出根冠、生长点、表皮层、皮层原、中柱原等部分，生长时，生长点细胞分裂迅速，向外形成根冠组织，向内形成伸长组织，而使根尖在土壤内推进。根据观察，茶树的根尖在一昼夜内可以变长10～15mm。每生长一个时期之后便休眠，休眠之后再生长，循环往复，而形成波浪式的生长运动。

茶树实生苗幼根在相当长的时期内，按肉质根的机制发展，显得特别粗壮，这一结构极有利于幼苗的抗旱。侧根则在土壤内具有强大的穿透能力。主根不断变长，使茶树主轴能深入土层，侧根不断发生，形成分枝，广布于各土层内，扩大吸收面积。但主根的生长与侧根的发生是相互制约的：主根生长时，则侧根的发育受抑制；侧根大量发生时，则主根生长缓慢。所以，有的茶树主根特别发达，而侧根细小，有的茶树侧根相对发达，主根与侧根很难区别。茶树根系的形成也是主根与侧根的自疏过程，形成适应环境条件变化的根系结构。

**2.根系的发育与分化。** 茶树在不同的发育阶段内，有不同的根系类型。1～2年生实生茶树，主根比侧根粗大而长，可延伸地下达1.0～1.5m，是典型的直根系（图3-7）。侧根在主根上呈层状分布，根深1m左右，有3～4层。如果土壤比较干旱板结，根系的分层不明显。加深根系的分层，可提高茶树对干旱高温、寒冷环境的抗性。所以，开垦茶园时要注意深层翻耕。

　　4～5年生茶树，侧根发育强盛，进入壮年期，有的侧根生长得与主根大小相近，或超过主根（图3-8）。进入衰老期后，主、侧根形成新根的能力迅速衰退，原有的侧根大部分死亡，仅留下老秃的骨干根，保持分枝根系的骨架，吸收根多在根颈部及其蘖头基部簇生，形成不定根层，称为茶树的衰老根系。

图 3-7　实生苗的直根系（左为 1 年生，右为 2 年生）　　图 3-8　4 年生实生苗根系（潇湘 1 号）

　　茶树根系受环境条件的影响变化很大。生长在干燥的沙质土壤里，直根系可以保持终生，即使进入壮年期，亦不发展为分枝根系；生长在地下水位较高的土壤里，其主根常因渍水不能继续往深处生长，甚至引起主根腐烂，在这种情况下，茶树主要靠侧根形成根系，侧根多成丛状分布于土壤表层。在土层浅薄和有硬盘结构的土壤里，丛生根系最为普遍（图3-9）。

图 3-9　丛生根系（野生汝城白毛茶）

　　茶树根系形态的多种多样，表明茶树根系的可变性是很大的，掌握这种变化的规律，是茶园耕作制度的基础。

正常情况下，茶树根系分化的顺序是：吸收根→输导根→贮藏根→繁殖根，而且与茶树的年龄密切联系着。例如，繁殖根大都在茶树衰老期出现，或在骨干根露在地面时，萌蘖成丛。50%的吸收根在表土层，因此，在农业技术上加深表土层，增加吸收根数量，对于茶叶增产具有决定性的意义。在茶园内分期分层施用不同组合的肥料，使之符合根系在土壤各层分布的特性，是茶树根系所需要的。

3.**根系的分布规律**。茶树根系的生长和分布，随着茶树生物学年龄的变化而变化。茶树幼苗、幼年期有明显的主根，而且垂直分布大于水平分布。据调查，1年生实生茶树主根长20cm；2年生茶树根系垂直分布深42cm，水平分布宽度为30cm；3年生茶树根系垂直分布与水平分布在60cm左右；4年生茶树根系垂直分布深70cm，根幅与树冠相对称。到了茶树青、壮年期，侧根的数量越来越多，已占根系组成中的主要部分，而且部分侧根变得很粗壮，与主根大小相近，主根已不明显，形成分枝根系类型，根系水平分布交叉地密布行间，根系的分布范围扩展到最大。进入衰老期，根系分布范围逐渐缩小，根系由远离根颈部的部位逐步死亡，而在根颈部发生大量的新根以代之，这时的根幅逐渐小于冠幅。

茶树根系在土壤内的分布具有如下几个特点，其中以吸收根最具有代表性。一是显著的表层根系，在深10~30cm土层内，吸收根分布量超过50%。二是根系的最大横径，位于土层20~30cm，在1.5m的茶行间呈马鞍形分布。三是根系幅度年龄变化有3个基点，幼年期约为40cm，壮年期约为160cm，衰老期约为60cm，一般壮年期根系幅度大于树冠幅度，衰老期小于树冠幅度。四是根系具有向肥性、向湿性和忌渍性。沃土上茶树根系生长量大，如茶园施肥仅在表面撒施，则会引起茶树根系分布趋于表层。湿润的茶树土壤，根系生长良好；渍水条件下，茶树根系不能正常发育，严重时植株死亡。

环境条件对根系分布的影响很大。生长在坡地的茶树，茶树吸收根大都分布在上坡一侧，分布量平均为总量的65%；生长在洼地的茶树，因主根腐烂，吸收根大都分布在表土层，分布量平均为总量的80%以上。栽培在缺乏有机质的黄土里的茶树根系，吸收根不发达，特别在底土层具有硬盘结构（犁底层）的情况下，根盘错节，不能伸展，未老先衰，难以成园。遇到这种土壤，开辟茶园前必须深翻，破犁底层后大量施用有机肥料，改善土壤质地。

农业技术能诱导根的分布，在幼龄茶园深耕改土，可以使根系分布均匀而深远；在衰老茶园深耕改土，可以加强根系的更新；在茶园内开沟施肥，可诱导根系集结在肥层，但施肥太浅，会引导根系朝上生长。

**4.根系的生长与衰亡。**年生长周期内，茶树根系活动生长与休眠更替进行。5～6月，根系生长有一个高峰，而这时树冠进入休眠期；7～8月，根系进入休眠期，而树冠正处于生长期；9～10月，根系又形成一个生长高峰，而树冠的活动又迅速缓和下来，转入开花期，并逐渐进入休眠。在茶树一年的活动中，根系生长量最多的为9～10月，故此时为施用基肥的适宜时间。

茶树进入衰老期，根系的死亡由末梢根开始，逐渐向内转移，最后引起骨干根的衰亡，而在根颈部形成不定根层，以担当茶树的吸收机能。因此，深耕改土，造成断根再生现象，可以抑制根系的衰亡，促进树冠的繁荣。

一般说，采摘茶园茶树的根冠比以0.5左右较好，接近1时茶树往往生长较差、产量较低。幼龄茶树采取定型修剪方法能够有效地促进枝叶生长，扩大树冠，从而降低根冠比。

## （二）叶

茶树的叶是主要收获对象，也是茶树进行光合作用、制造有机物质的器官。根系吸收土壤养分和水，经过茎与枝的运输，到达叶片内，进行光合作用，制造有机物质，转供给茶树各器官营养。茶树叶的形态根据其开展程度分为芽和叶。

**1.芽的特性。**芽在枝条上的位置可分为定芽和不定芽。定芽又可分为顶芽和腋芽，顶芽着生于枝梢顶端，腋芽产生在叶柄与枝条交叉的位置，故又称叶腋。芽不在梢的顶端或叶腋里的芽，称为不定芽，多在茶树衰老或创伤后萌生，这部分芽往往成为茶树复壮的基础。

**2.叶的特性。**茶树的叶按其在枝梢上分布的位置分为鳞片、鱼叶和真叶，只有真叶才是人们利用的主要对象。茶叶不仅是生产利用的对象，也是茶树生长发育的能源制造者。叶片进行光合作用将光能转化为化学能，同时释放出氧气，对调节空气中的二氧化碳量的平衡起重要作用。根吸收了土壤中的水和无机盐类，要靠叶的蒸腾作用为动力送到茎和叶，同时可降低叶片的温度，调节茶树体温的平衡。

茶树叶片是典型的背腹叶，向着阳光的一面是腹面，为上表皮，背着阳光的一面为下表皮。茶树叶片上的气孔是气体交换和蒸腾作用的门户，分布在叶片下表皮，根外施肥和喷洒农药也由此进入。在气孔的孔口一边的细胞壁厚，连接着表皮的细胞壁薄，这种厚薄不均的结构，易受细胞膨压作用而发生气孔开闭。比如，一天中，午间阳光直照，温度高，易失水，气孔常常就关闭，这是结构上的特征。了解气孔开闭机理和大概时间有助于有效地喷药和根外追肥。

叶片的寿命，春、夏、秋梢都有所不同，春梢上叶片的寿命最长，夏、秋梢次之，一般为一年。在气候变化和耕作的影响下，有些叶片通常不到一年就脱落了。一年内以5～7月为落叶期，尤以6月达到最高峰。根据在生产茶园中采取去老叶与留老叶的对比测定，证明留老叶可提高新梢重量30%。因此，在推行采蓄技术时，应根据茶树落叶的规律，留有一定比例的绿叶面积，以保证新梢发育的需要。

### （三）花果

花是茶树的生殖器官，由叶芽分化而成。花芽进一步分化，便成为花蕾，花蕾成熟后即进行休眠，进一步发育花粉和卵细胞，为开花授粉提供条件。茶树通过花的发育与受精过程，形成果实和种子，使其得以繁衍。

花芽发育期间，叶芽是潜伏的，有时因花芽发育势头很强，引起叶芽萎缩脱落，在顶端仅留有一个痕迹。在营养丰富，特别是在雨量较多和氮肥充足的情况下，叶芽亦能生长发育为枝条，这样就使一个新梢的基部有花蕾（图3-10）。由此可见，生殖器官的发育对于营养器官的抑制是有限的、相对的。加强对茶树的肥培管理，在外界条件有利于营养器官生长时，便能促进营养器官萌发生长，可以获得茶叶、茶籽双丰收。根据四川省农业科学院茶叶研究所的试验，在夏茶初喷施0.006%～0.01%浓度对氯苯氧乙酸，可使花蕾数降低63%以上，并能刺激叶芽生长，达到增产茶叶的目的。

图 3-10　花芽、叶芽共生现象

在年生育周期中，营养物质的分配在不同时期有不同的分配中心，当春梢萌动开始，养分源源不断地运向新梢，芽叶生长达到一定基础之后，花芽开始分化，这时体内养分就逐渐分送到花芽各部位，以供生殖生长需要。据研究，正常生长条件下，茶花、茶籽每年每亩相当于消耗干物质102.0～140.5kg，消耗于生殖生长的养料，有时超过芽叶生长的消耗量。

从花芽形成到种子成熟，共经过1年多的时间，而且从6～10月既是当年的茶花孕蕾开花和授粉过程，又是上年受精的茶花发育形成种子并成熟的过程，2年的花果同时发育生长，这是茶树生物学的特性之一，且是大量消耗养分的生理和生长活动。花果的生长对养分的供应要求很高，如管理不善，往往会抑制营养生长，使新梢生育受阻。

## 二、树体管理措施

良好的树冠是茶树持续优质、高产和高效的基础和前提。优质要求新梢粗壮、生长旺盛、正常芽叶比例高；高产要求单位面积新梢数量多，单个新梢重量大；高效要求不仅要优质高产，而且要生产成本低，要求考虑手工和机械采摘方便、茶树养分利用率高等。因此，粗壮的骨干枝、合理的分枝结构、适中的高度、宽大的树冠、整齐的采摘面及一定的叶层厚度和叶面积指数，即"壮、宽、密、齐、茂"是茶树优质、高产和高效的理想树冠结构。

修剪是培养高产树冠、刺激新生芽叶生长、抑制花果发育必要的树体管理措施。茶树具有明显的顶端优势，茶树枝条在不同发育阶段的营养生长、生殖生长和萌发新梢的能力具有明显的差异，茶树地上部和地下部的生长、茶树体内碳氮比例等均可通过修剪加以调节，从而有利于树冠培育。茶树修剪后，新陈代谢加强，同化作用增强，正常芽叶增多，嫩度提高；茶多酚、水浸出物增加，成茶品质有所提高，达到既提高产量又增进品质的目的。

### （一）修剪类型

1.定型修剪。定型修剪主要目的是促进分枝，控制高度，使分枝结构合理，骨干枝粗壮，为培养优质高效树冠骨架奠定基础。定型修剪用于幼龄茶树和台刈、重修剪后的茶树。

（1）幼龄茶树修剪。幼龄茶树定型修剪分3次进行。茶树定植时，对苗高达25cm以上的幼苗在离地15cm处进行第一次定型修剪，但对于生长较差的茶苗，移栽时可采取打顶，定型修剪推迟到翌年进行；第2次定型修剪在第1次定型修剪后1年进行，修剪高度在上次剪口上提高10～15cm，即离地25～30cm处修剪，如果树势旺盛，树高达55～60cm，也可以提前进行；第3次定型修剪在第2次定型修剪后

1年进行，修剪高度在上次剪口上再提高10~15cm，即离地40~50cm处修剪，如果树势旺盛，同样可以提前进行。幼龄茶树经过3次定型修剪后，树冠迅速扩展，第5~6年采完春茶后，在上次剪口上再提高5~10cm进行整形修剪，使树冠略成弧形，可正式投产。

（2）**重修剪茶树**。当新生枝条半木质化后即可在重修剪剪口上提高5cm进行定型修剪，时间一般为7月初以前。如树势较弱，无法在7月初进行定剪，则任其生长，待翌年春茶结束后在重修剪剪口上提高10~15cm进行定剪；对于台刈的茶树，台刈当年任其自然生长，翌年春茶结束后进行第一次定剪，由于分枝多，可在原剪口上提高15~20cm剪平，第3年春茶结束后再在上次剪口上提高15cm左右进行第2次定剪，以后与幼龄茶园一样，实行留养轻采、轻修剪，逐步培养树冠（图3-11）。

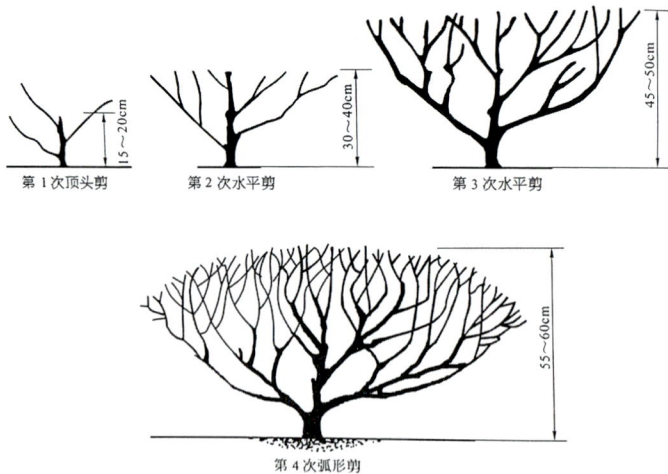

图3-11 茶树定型修剪示意图

（注：资料来源于《中国茶树栽培学》，上海科学技术出版社）

2.**轻修剪**。轻修剪是在完成茶树定型修剪以后，培养和维持茶树树冠面整齐、平整，调节生产枝数量和粗壮度，便于采摘、管理的一项重要修剪措施。轻修剪主要用于树体基本定型的投产茶园，是将年度内的部分枝叶剪去，一般在上一次剪口上提高3~5cm，或剪去树冠面上突出的枝条和树冠表层3~10cm枝叶。其目的主要是解除顶芽对侧芽的抑制作用，刺激茶芽萌发，控制茶树高度，增加分枝层次，同时使树冠面整齐，保持树冠旺盛的长势和一定发芽密度，培养良好的采摘面，提高茶叶产量和质量。轻修剪可每年进行1次，如果树冠整齐，生长旺盛，也可隔年

1次。诸多研究表明轻修剪可以增产提质，不过，对是否需年年进行轻修剪，尚无一致看法。例如，安徽祁门茶叶研究所对轻修剪间隔年限试验结果得出，9年平均产量以年年轻修剪增产最多；杭州茶叶试验场进行的轻修剪间隔年限试验表明，5年平均茶叶产量，以隔年修剪的略高于年年轻修剪处理，隔年轻剪比年年轻剪产量增长3.75%～8.88%，但隔年轻修剪处理在不修剪年份，其增产效果显著，达到5.47%～15.59%，在修剪年份，仅增长1.12%～6.14%，认为年年轻修剪不如隔年轻修剪增产效果好。

机采茶园因采摘强度大，导致叶层较薄，为增加其叶面积指数，防止早衰，延长优质高产年限，常常会采取适当留养的措施。茶树在留养期间，部分枝条生长较快，为了提高机采茶叶的质量，需要进行剪平。另外，生产枝粗壮、发芽能力强、隔年轻修剪1次的茶园，常在不轻修剪的这一年进行1次剪平，以利平整树冠，有利采摘。

对于树冠覆盖度较高的成龄茶园，除进行正常的轻修剪和剪平外，每年春茶或秋茶结束后进行1次边缘修剪，即剪去茶行间的部分枝叶，保持行间有20cm左右的间隙，以利田间作业和茶行通风透气（图3-12）。

图 3-12　茶园修边

3.**深修剪**。深修剪是一种改造树冠的措施，因为茶树经过多年的采摘和轻修剪后，在树冠采面上会形成密集而细弱的分枝，俗称"鸡爪枝"，阻碍水分和养分的输送，使茶树枯枝率上升。这些枝条本身细小，所萌发的芽叶瘦小，对夹叶多，不正常新梢增多，导致产量和品质下降。这时单靠轻修剪已难以取得理想效果。为了更新树冠采摘面，就得采取深修剪，剪去树冠上部 10～15cm 深的鸡爪枝层，使茶树重新抽发新枝，树势重新恢复健壮，提高育芽能力，延长茶树有效经济年限。

　　茶树深修剪周期视茶园管理水平、茶树蓬面生产枝育芽能力的强弱和采摘目标而定。管理水平高，生产枝育芽能力强的，可适当延长深修剪的周期；反之，则应缩短深修剪的周期。对于采摘大宗茶，对产量要求较高的茶园，深修剪周期一般控制在5年左右；对茶叶品质要求较高的茶园，特别是采摘名优茶的茶园，深修剪周期应适当缩短，一般控制在2～3年，夏秋茶留养不采的名优茶园，甚至可以每年深修剪1次；对于量质并重的茶园，深修剪的周期以4年为宜（图3-13）。

图3-13　深修剪示意图

　　**4.重修剪。**茶树经过多年的采摘和各种轻、深修剪，上部枝条的育芽能力逐步降低，芽叶瘦小，对夹叶比例增大，轮与轮的间歇期延长，茶叶品质和产量下降，即使加强肥培管理和轻、深修剪也不能得到良好的效果。重修剪的对象是未老先衰的茶树和一些树冠虽然衰老，但骨干枝及次级分枝仍有较强的生育能力、树冠上有一定的绿叶层的茶树，以及老茶园树龄虽老，但管理水平较高，茶树上地衣苔藓少，主枝和一、二级分枝尚壮，上层分枝枯叶枝多，枝干灰白，新梢多为细小的对夹叶的茶树。或者是年龄不一定很老，但由于放松肥培管理或采摘不合理等原因，以致树冠矮小、分枝稀疏、采摘面零乱、树势衰弱、鸡爪枝多、芽叶瘦小稀少、对夹叶多、产量明显下降，但多数主枝尚有一定生活能力的茶树。对这类茶树，采用重修剪能够使衰老的茶树由下部根茎处抽出生育力强的枝条，重组新一轮树冠。同时，重修剪也可降低越冬病菌和害虫基数，减少翌年病虫危害程度，提高产量。重修剪一般剪去树冠的1/3～1/2，通常是离地40～50cm剪去地上部树冠。

　　茶树重修剪周期与茶树生长势、茶园肥培管理水平等有关。依茶树更新周期为10～11年计，重修剪周期一般为9～12年。对于采摘大宗茶的茶园，重修剪周期为11～12年，中间进行1次深修剪为宜；对于采摘名优茶的茶园，重修剪周期为9～10年，中间进行2～3次深修剪为宜。生产上常推荐春茶后重修剪，既兼顾

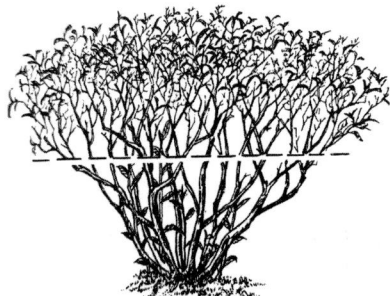

图3-14　重修剪示意图

了春茶产量，又有利于茶树修剪后的恢复（图3-14）。

5.台刈。台刈是一种彻底改造树冠的修剪方法，主要针对树势已经十分衰老的茶树，枝干枯秃，叶片稀少，多数枝条丧失育芽能力，产量很低，有的枝条上布满苔藓、地衣，根系也已大部分枯黑，吸收能力很差，即使增施肥料，也很难提高产量。对这类衰老茶树，应当实行台刈更新，从根颈处剪去全部枝条，促使抽生新枝，形成新的树冠。衰老茶树台刈一般在根颈处或离地5～20cm处剪去全部枝条（图3-15）。

图 3-15　台刈示意图

图3-13至图3-15是成龄茶树三种主要修剪方式示意图[①]。台刈后茶树会抽发大量新枝，为培养骨干枝，有条件的最好进行疏枝，留下粗壮的5～8枝，按幼龄茶园定型修剪方法进行树冠培养，第3或第4年即可正常采摘。

### （二）修剪后管理

茶树修剪是树冠培养的重要技术措施，但最佳的修剪效果还与修剪后的管理有着密切关系，如肥水管理、合理留养、病虫害防治等。

1.肥水管理。修剪对茶树来说是一种创伤，茶树修剪后伤口的愈合和新梢的萌发生长，有赖于茶树体内贮藏的营养物质，特别是根部贮藏的养分。俗话说"无肥不改树"，合理的肥水管理是保证茶树修剪后树势复壮和高产优质的重要条件。为了保证茶树根部有足够的养分供应自身及地上部的再生长，修剪前应施入较多的有机肥或复合肥，一般农家有机肥的施用量为15～30t/hm$^2$，或茶树专用复合肥（氮、磷、钾总养分≥25%）1.5t/hm$^2$左右；修剪后待新梢萌发及时施追肥。

2.合理留养。不适当的早采和强采会造成枝条细弱，树势早衰，无法形成优质高产的树冠。幼龄茶树骨干枝和树冠骨架的形成主要靠3次定型修剪：第1次定型修剪后的茶树分枝少、叶片少，应顺其生长，只留不采；第2次定型修剪后，特别是采摘少量春茶后进行的修剪，只能适当打顶；第3次定型修剪茶树可打顶采摘，但仍以留养为主。对于春茶后深修剪的茶树，剪后茶树叶面积锐减，应留养一季夏茶，秋茶适当打顶轻采；对于树势较弱的茶树，则夏、秋茶均应留养，以利于树势的恢复，提高来年春茶产量；对于重修剪和台刈的茶树，新梢生长比较旺盛，早期

---

① 注：资料来源于《中国茶树栽培学》，上海科学技术出版社。

应以留养维护为主，并进行定型修剪，切忌为追求利益进行不合理的早采和强采，从而影响修剪效果。

**3.病虫害防治。**茶树修剪后，留下的剪口容易感染或遭病虫害侵入，剪后再生的新梢芽叶细嫩，也极易发生病虫害。因此，茶树修剪后对修剪下的病虫枝条应及时运出园外，集中处理，对危害新梢嫩叶的茶蚜、茶小绿叶蝉、茶尺蠖、茶卷叶蛾和芽枯病等及时防治，以确保新梢正常生长。

### （三）修剪物再利用

茶树修剪不仅可以解除顶端优势，刺激腋芽萌发，获得更多的新梢，同时还能带走一部分弱生长势和有病虫害的枝条，从而保证茶树更好地生长、生产。然而，长期以来，人们只关注修剪本身，对于修剪下来的枝条却很少加以利用，大量的茶树修剪枝废弃于茶园中。

有研究表明，废弃的修剪枝中亦含有丰富的内含物，可作为茶系列产品风味物和部分蛋白质提取的原料；研究还发现，将修剪叶施用于茶园，除了能显著增加土壤有机质含量，有利于促进根系的生长，同时还能降低土壤酸度和活性铝含量。例如，日本学者研究发现，由于茶树修剪物的大量还园，无论是否施用有机改良剂，20年内日本茶园土壤有机质以每年2.0～2.5g/kg的速度增加。因此，茶树修剪枝条具有广阔的可再利用空间，若能进一步回收加工再利用，必将为茶树种植带来可观的经济附加值。

**1.利用茶树修剪枝作为插穗进行无性繁殖。**短穗扦插作为茶树无性繁殖中技术性最强的繁殖方法之一，现已成为国内各茶区进行茶树种苗繁育的常规方法。部分种苗繁育单位为此专门建设采穗母本园，大大增加了建设成本和管理费用。在实际生产中，部分茶树修剪枝条已能够满足插穗条件和采穗量。因此，若能够对修剪枝条进行及时收集、分拣和简单处理，将其作为短穗扦插材料，既可以节省成本、省时省力，还可带来额外的经济附加值。

**2.利用茶树修剪枝作为畜牧饲料添加剂。**据研究，茶叶中含有多糖、咖啡碱、氨基酸、叶绿素、儿茶素等500多种有效成分，茶树修剪枝在化学成分上等同于茶树叶片，因此为了扩大产业链，提高茶农收入，可以将废弃的茶树修剪枝通过加工后应用于家禽饲料中，从而实现变废为宝。日本研究认为，在鸡饲料中添加茶粉，可提高鸡肉鲜嫩度和鸡蛋的品质、产量和耐贮藏性；用茶树修剪后的枝叶做成茶汤拌料饲喂土鸡，散养土鸡的生产性能、免疫力和蛋品质都得到了明显提高。还有研究认为，奶牛食用一定比例的乌龙茶粉其产奶量可提高10%左右。以上研究为茶树修剪枝应用于家禽饲料提供了依据，目前，在畜牧养殖过程中，已有将茶叶、茶渣或茶叶提取物按一定比例加入饲料中以提高其转化率的做法。

但在实际应用中，作为家禽饲料的茶树修剪枝必须是来自于无公害茶园或者是无污染的茶树，从而确保饲料的安全性。

**3.利用茶树修剪枝作为生产食用菌的培养基质。**在食用菌生产过程中，菌种的培养基质主要是一些内含物丰富的工农业副产品及下脚料，如木屑、棉籽壳、玉米秸秆等，它们富含纤维素、半纤维素和木质素等有机物，是食用菌生长的主要营养源。但近年来，食用菌栽培中木材消耗对各地生态的影响已逐渐凸显，部分地方已逐渐转型升级寻找新的培养料替代品。茶树修剪枝在化学组成上主要也是由纤维素、半纤维素和木质素组成，同时还富含多糖和氨基酸等营养成分，可用作食用菌生产培养基的良好原料。

# 第三节
# 鲜叶采摘

鲜叶是加工茶叶的原料，由芽、叶、茎梗组成，通过一定的加工工艺，使内在的化学成分发生一系列的物理化学变化，从而形成茶叶特有的色、香、味、形。鲜叶质量的优劣对制茶品质影响极大。

## 一、鲜叶成分

茶叶品质的构成因子有物理因子和化学因子两个方面。茶叶的外形基本上取决于物理因子，茶叶内质由鲜叶化学成分含量及其组成所决定。到目前为止，知道的茶叶成分已有500种之多，其中大部分为有机化合物。组成这些化学物质的基本元素约有30种。茶树鲜叶的化学成分归纳起来可分为十几类（表3-4）。

核糖体又称为核糖核蛋白体，是茶树细胞中与茶叶品质相关的细胞器。当细胞幼年时单核糖体多，此时细胞中氨基酸含量丰富。细胞分化活跃或成熟细胞聚核糖体多，细胞中蛋白质含量丰富。游离的聚核糖体合成自身所需的蛋白质，附着在内质网上的核糖体，主要合成外源蛋白。所以核糖体的聚合程度和细胞分化有直接关

表3-4　茶树鲜叶化学成分的组成（%）

| 物　质 | | 含量 | 占干物质比例 | 主要存在部位 |
|---|---|---|---|---|
| 水分 | 束缚水、自由水 | ±75 | | 原生质、细胞间隙、导管、细胞液泡 |
| 干物质 | 茶多酚 | ±6.75 | ±27 | 液泡 |
| | 碳水化合物 | ±5.50 | ±22 | 细胞壁、细胞质 |
| | 蛋白质酶 | ±6.25 | ±25 | 细胞质、叶绿素、细胞核 |
| | 氨基酸 | ±0.75 | ±3 | 液泡、细胞质 |
| 有机化合物 | 生物碱 | ±1.00 | ±4 | 液泡、细胞质 |
| | 有机酸 | ±0.75 | ±3 | 液泡、细胞质 |
| | 类脂 | ±2.00 | ±8 | 细胞质、叶绿素、细胞壁 |
| | 色素 | ±0.25 | ±1 | 叶绿体 |
| | 芳香物质 | ±0.25 | ±1 | 细胞质 |
| | 维生素 | | | 液泡、细胞质 |
| 无机化合物 | | ±1.50 | ±6 | 细胞各部分 |
| 干物质合计 | | ±25 | 100 | |
| 总计 | | 100 | | |

系，也直接与茶叶的采摘、成茶品质和制造茶类有密切的关系，并直接影响到经济效益。茶梢顶端一芽二叶持嫩性好，叶肉细胞分化未完全成熟，此时叶肉细胞中的单核糖体较多，氨基酸含量丰富，茶汤鲜爽度变高；一芽三四叶，叶肉细胞分化成熟，细胞中单核糖体形成聚核糖体，细胞内合成蛋白质功效高，液泡也占细胞的绝大部分面积，制成的茶冲泡出的茶汤有股浓烈的甜香味。这也是乌龙茶类品种不宜采摘一芽二叶而须采摘半开面的原因。

　　液泡是成熟细胞的特征，幼年细胞的液泡是分散的小泡，随着细胞发育成熟而逐渐将小泡合并变大，可占细胞面积的90%，充满细胞液。细胞液的成分较复杂，有茶多酚、生物碱、糖、芳香油、维生素、花青素、多种酶、有机酸、无机盐、贮藏蛋白等。茶叶的有效成分是贮藏在液泡内的，细胞液的浓度对茶叶的品质有直接影响。

　　随着叶片老化，对茶叶品质影响大的品质成分如茶多酚、氨基酸、咖啡碱含量下降，伴随着的是大分子量的果胶、淀粉、粗纤维的增加（表3-5）。因此，要获得优质的茶叶品质，必须要有优质的茶叶原料，即有一定嫩度的芽梢，不然会影响茶叶品质的形成。

表3-5 不同嫩度鲜叶主要化学成分的含量（%）
（程启坤，1982）

| 成 分 | 第1叶 | 第2叶 | 第3叶 | 第4叶 | 老叶 | 嫩茎 |
|---|---|---|---|---|---|---|
| 水分 | 76.70 | 76.30 | 76.00 | 73.80 | | 84.60 |
| 水浸出物 | 47.52 | 46.90 | 45.59 | 43.70 | | |
| 茶多酚 | 22.61 | 18.30 | 16.23 | 14.65 | 14.47 | 12.75 |
| 儿茶素 | 14.74 | 12.43 | 12.00 | 10.50 | 9.80 | 8.61 |
| 全氮量 | 7.55 | 6.73 | 6.29 | 5.50 | | |
| 咖啡碱 | 3.78 | 3.64 | 3.19 | 2.62 | 2.49 | 1.63 |
| 氨基酸 | 3.11 | 2.92 | 2.34 | 1.95 | | 5.73 |
| 茶氨酸 | 1.83 | 1.52 | 1.28 | 1.16 | | 4.35 |
| 水溶性果胶 | 3.21 | 3.45 | 3.26 | 2.23 | | 2.64 |
| 还原糖 | 0.99 | 1.15 | 1.40 | 1.63 | 1.81 | |
| 蔗糖 | 0.64 | 0.85 | 1.66 | 2.06 | 2.52 | |
| 淀粉 | 0.82 | 0.92 | | | | 1.49 |
| 粗纤维 | 10.87 | 10.90 | 12.25 | 14.48 | | 17.08 |
| 总灰分 | 5.59 | 5.46 | 5.48 | 5.44 | | 6.07 |
| 可溶性灰分 | 3.36 | 3.36 | 3.32 | 3.02 | | 3.47 |

## 二、鲜叶品质

茶叶品质受茶树品种所左右，同时又随着树龄变化、树势强弱、生态环境、栽培条件和不同的采摘标准而变化，立地条件优越、树冠结构培养合理、水肥管理水平高、茶树生机旺盛、体内营养物质贮备充分、新梢有效成分含量高的茶树鲜叶品质好。茶叶品质的生化成分及组成，又随茶芽萌发为新梢的过程而发生变化。芽叶的嫩度、鲜度和匀净度是决定鲜叶质量的三个重要因子。

## （一）嫩度

鲜叶的嫩度是决定茶叶质量的首要因子，鲜叶嫩度依所制茶类不同有所不同。一般红茶、绿茶成品茶等级的划分，通常是以嫩度为主要依据，嫩度好的制茶品质也好，而嫩度一般决定于采摘标准。

但也并非所有茶类鲜叶要求越嫩越好。乌龙茶品质高低以香味为重要基础，尤其是橙花叔醇、水杨酸甲酯含量高的品种更适制乌龙茶，采摘太嫩，酯型儿茶素含量较多，在制造过程中极易氧化，致使滋味苦涩；采得太粗老，则滋味淡薄。所以，乌龙茶以新梢成熟度达七八成、长到3～4叶对夹，叶质尚嫩时采摘最好（表3-6）。黑茶品质要求香高，汤色橙黄，茶味浓醇，原料要求含有较高的茶多酚、氨基酸、糖类和果胶物质，所以一般采摘一芽五叶左右、含梗较多的枝梢为原料。

表3-6　新梢伸育过程中各种儿茶素含量的变化 （mg/g）
（程启坤，1985）

| 儿茶素 | 芽 | 一芽一叶 | 一芽二叶 | 一芽三叶 | 一芽四叶 |
| --- | --- | --- | --- | --- | --- |
| EGC | 8.67 | 15.63 | 18.23 | 27.37 | 22.47 |
| GC | 5.83 | 6.20 | 4.84 | 6.61 | 6.06 |
| EC | 8.52 | 9.15 | 9.83 | 10.29 | 9.90 |
| EGCG | 104.86 | 88.93 | 76.10 | 65.03 | 53.37 |
| ECG | 19.32 | 30.41 | 28.47 | 25.20 | 24.23 |
| 儿茶素总量 | 147.30 | 150.32 | 137.47 | 134.50 | 116.03 |

## （二）匀净度

虽然依茶类不同，鲜叶嫩度要求不一样，但所有茶类对鲜叶的匀净度都有较高要求，匀净度也是衡量鲜叶质量不可忽视的因子。鲜叶的均匀程度对制茶品质影响较大，均匀一致的鲜叶便于茶叶加工，不均匀的鲜叶在加工过程中各个工序的处理较难掌握，尤其是老嫩程度不一的鲜叶，无论做什么茶都很难获得外形、内质俱佳的产品。鲜叶净度一般指夹杂物的数量多少。优质的鲜叶原料要求净度高，在鲜叶中不要夹有老叶、老梗、花果、虫体、杂草、沙土等夹杂物。

## （三）鲜度

鲜度指鲜叶的光润程度，鲜度好的原料，成品茶色香味正常，鲜爽度也好；反之，堆积过久，机械损伤严重，出现酸馊霉味的鲜叶原料，制成的茶叶品质次或成为劣变茶。所以，手工或机械采摘下来的鲜叶要用透气的竹篮、网袋等收集并及时运送到加工地点，以保证其鲜度。鲜叶应摊放在低温高湿通风的场所，摊放厚度春茶以10~15cm、夏秋茶5~10cm为宜，具体依气温高低、鲜叶老嫩和干湿程度灵活掌握，摊放过程中应经常检查叶温，如有发热立即轻翻散热。

从制茶角度来说，凡能达到制出中、上级茶的鲜叶原料，都属于优质鲜叶。

## 三、鲜叶采摘

采摘对茶叶产量和品质的影响最直接，采早、采迟、采老、采嫩、采留多少、采摘方法不同等都对产量、品质有着不同程度的影响。

通常在中小叶种茶区，肥培管理较好的茶园4~6年生茶树每亩可生产干茶50~100kg；10年生左右茶树，在一般肥培管理条件下，每亩生产干茶可达100kg以上；15~18年生茶树，每亩可达150kg以上；20年以上的茶树，产量开始下降，下降幅度依茶园管理水平和茶树生长势不同而不同。

"多、重、快、长"是构成茶叶高产的4个关键因子。"多"指在树冠采面上可供采摘的芽数多，新梢轮次多，每年可采摘次数多；"重"指同一标准芽叶的重量大；"快"指新梢从芽萌发到成熟，伸长、展叶速度快；"长"指茶树一年的生长期长，可采摘时间长。以上4个高产因子在品种优良的基础上，通过栽培措施是完全可以调整和达到的，如在生产上通过分批及时采摘，促使腋芽萌发，达到芽叶伸展"快"的目的。

### （一）采摘标准

茶树芽叶节间长短随品种和季节而变化，一般是大叶种茶树节间较中小叶种茶树的长，春、夏多雨季节枝梢节间比秋梢节间长。除适制乌龙茶品种外，大多数品种真叶展开2~3叶时要及时采摘，采摘后的枝梢处于"休眠"和积累营养物质状态，为下一轮枝梢生长作物质准备。这样周而复始地采摘—休眠—生长，称为芽叶周期生长。不经采摘的茶枝，周期性生长次数减少。所以，茶树鲜叶采摘应遵循"分批、多次、适时"。手采标准，以一芽一叶达10%~15%为开采标准，机采以目标芽叶标准达70%~80%，这样才会"越采越有"。茶叶采摘根据加工茶类不同分为细嫩采、适中采、开面采和成熟采。

**1.细嫩采。**采摘单芽、一芽一叶及一芽二叶初展的新梢，前人所称的"雀舌""莲心""拣芽""颗粒"等就是指的这个嫩度，适用于高档名优茶，如君山银针、碧螺春、黄金茶等。全年可采1～2轮，大多集中在春茶前期，产量低，鲜叶量每亩可达200kg左右，但效益好（图3-16）。

A 萌动　　B 单芽　　C 一芽一叶　　D 一芽二叶　　E 一芽三叶　　F 一芽四叶

图 3-16　茶树芽叶形态和鲜叶采摘的几个主要标准（春茶）

**2.适中采。**当新梢伸长到一定程度，采下一芽二、三叶和细嫩对夹叶，适用于红茶、绿茶大宗茶的采摘，如工夫红茶、眉茶、珠茶等。全年可采2～3轮，鲜叶量每亩可达200～300kg。

**3.开面采。**新梢长至一芽三叶至一芽五叶，而顶芽最后一叶刚展开时采下2～4叶新梢，即为"开面采"，适于乌龙茶类，据化学成分分析，采2～3叶的中开面芽梢所制乌龙茶品质最好。但这一采摘标准，全年批次减少，产量较低，非乌龙茶产区一般不按此标准采摘。

**4.成熟采。**新梢充分成熟，新梢基部半木质化，呈现红棕色时，进行采摘，适用于机采及用于加工黑茶和砖茶的原料，春茶结束后可采3轮，鲜叶量每亩可达600～700kg。

**（二）手工采摘**

**1.采摘标准。**目前，生产上基本依生产茶类、茶树伸育状况、新梢生育特点等确定采摘标准。例如，名优茶类的细嫩采、大宗茶类的适中采、乌龙茶类的开面采和边销茶类的成熟采，幼龄茶园的"打顶采"，成龄茶园的标准采，老旧茶园的"留叶采"等。以上各种情况虽因条件而异，但都有着共同的客观指标，即新梢的形态特征、芽叶的机械组成、芽叶的化学成分、新梢的长度和嫩度等。

**2.采摘时间。**茶树生长的季节性很强，全国茶区每年采茶时间，短的5～6个月，长的可达10个月，甚至全年可采。即使处于同一茶区，甚至同一茶园，年与年之间开采期因气候、品种和栽培管理条件的差异，可以相差5～20d。手工采茶的茶树开采期宜早不宜迟，以略早为好，尤其是春茶开采期，"早采三天是宝，晚采三天是草"。一般认为，春茶新梢在冠面上有10%～15%达到采摘标准时，夏、秋新梢有5%～10%达到采摘标准时，就应开采。

**3.采摘方法。** 一是按标准及时采。茶树具有采摘期长的特点，不失时机抓住季节的生长情况，按标准及时采下。一般在开采后10d左右便可进入旺采时期，应把采摘面上达标的新梢尽量采下，每隔2～3d采一批。二是分批多次采。同一品种、同一茶树、同一枝条发芽有先后快慢之别，一般是主枝先发，侧枝后发；强壮枝先发，细弱枝后发；顶芽先发，侧芽后发；蓬面先发，蓬心后发。在这样的情况下，通过分批多次采摘，刺激了各种枝条营养芽的不断分化，不断萌发和伸展叶子，促进茶树生育，采去一个芽叶，换取更多新梢的形成，提高了鲜叶的产量和质量。三是依树龄留叶采。幼龄茶园前1～3年养树为主，3足龄时可以春季打顶采，夏季留两叶采，秋季留鱼叶采，以后可以正常采摘；成龄茶园一般全年应有一季留真叶采，通常是夏季留一叶采；重修剪和台刈茶园当年夏茶留养不采，秋茶末期打顶采，第2年定型修剪后，春夏末期打顶采，秋茶留叶采，第3年春茶留1～2叶采，夏茶留1叶采，秋茶留鱼叶采，以后可以正常采摘。

### （三）机械采摘

茶叶采摘是一项耗工最多、季节性很强的茶园作业。近年来，由于农村产业结构的调整，投入茶叶生产的劳力减少，采茶工普遍不足。据国家茶叶产业技术体系2019年资料，61%的产区存在采工短缺问题，且55%的产区采工短缺比例在10%以上，采茶工价连年上涨（图3-17）；基于全国12个主产省份225份茶农固定观测点

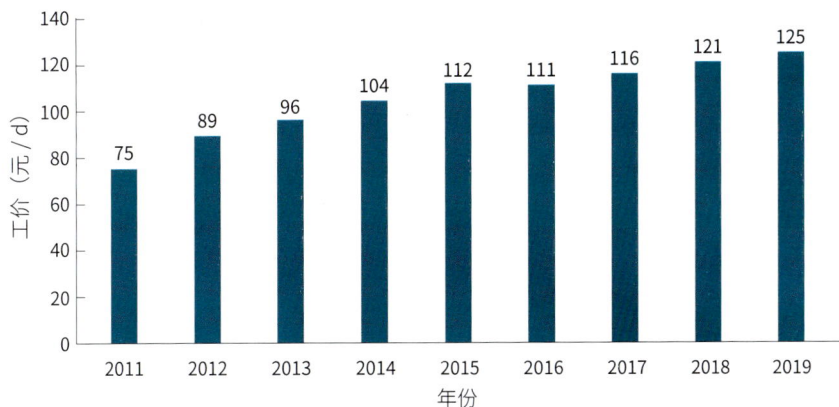

**图3-17 采茶工价变化图**
（注：数据来源于国家茶叶产业技术体系产业经济研究室）

调查数据表明，2019年1月至4月中旬，人工成本占69.66%。春茶生产采摘环节对劳动力依赖性强，人工成本居高不下，部分茶园出现了弃采现象，造成茶资源的极大浪费，茶企经济效益下降。

有研究表明，机械采茶可比手工采茶提高工效37.5倍，减少采茶用工90%，节约采摘成本60%以上，茶园的纯收入可比手工采茶提高20%以上，同时能增加新梢密度，改善新梢的分布均匀性。

**1.机采茶树生育性状。**在茶树"多、重、快、长"四个丰产因子中，"多"居首位，新梢密度大是多的重要方面，从而成为支配茶叶产量的主导因子。机采茶树新梢密度上升速度比较快，连续机采3年可由机采前的100个/尺$^2$左右，上升到400个/尺$^2$以上；机采茶树新梢密度上升速度手采比机采慢1~2年，两种采摘方式所造成的差异，到第5年就可以消除，以后便在400~500个/尺$^2$徘徊。由此可见，茶树新梢密度的阈值可能在500个/尺$^2$左右，不同品种的茶树会有不同的阈值，阈值不受采摘方法影响，采摘方式只能影响达到阈值的时间长短，即新梢密度的上升速度。密度上升快，达到阈值的时间短，是茶树早期高产的条件之一，所以机采茶树前期密度大于手采，对幼龄和更新后茶树树冠的形成是有益的。

机采对茶树叶层有着明显的影响，茶园载叶量减少，成熟叶片虽然较大但叶面积指数下降，叶层厚度仅为手采的63.1%。机采茶树在年生产周期中的新梢动态反映生长量比手采小，以新梢平均展叶分数作衡量指标，全年4个展叶分数高峰的峰值均低于手采，同时新梢生长位置的垂直分布上移使芽叶表面化。机采茶树的分枝层次减少，在重修剪后的6年中平均每年比手采少增加一层，各层分枝的平均长度和粗度均小于手采，由基部至蓬面的分枝粗度递减率大于手采，分枝有变细弱的趋势。

一芽三叶百芽重通常作为茶树生长好坏的参考指标，机采和手采百芽重是逐年减小的，但机采的递减率比手采稍大。

**2.机采茶树留蓄秋梢。**采收芽叶是人们栽培的目的，但采摘的新梢又是茶树进行光合作用的器官，过度的采摘会妨碍有机物质的形成与积累。不论是手采或机采，在采摘过程中，均应注意留叶，保证茶树在年生育周期内有适当的叶片留在树上，维持茶树的正常生长。连续多年机采会使茶树叶层变薄，叶面积指数及茶园载叶量下降，影响茶树的正常生长。湖南省茶叶研究所为探索增强茶树长势的途径，设全留、半留、全采三个处理，比较系统地探讨了留蓄秋梢对机采茶树叶层、新梢生育及产量构成的影响。研究结果表明，从叶层厚度、叶面积指数、载叶量、茶叶产量等方面来看，留蓄一季秋梢的效果至少在2年以上。留蓄秋梢对于机采茶树来说，最大的作用是增加了叶层厚度与茶园载叶量，它能够较好地解决连续多年机采使叶层变薄、叶面积指数及载叶量降低的问题，对于增强机采茶树的长势、防止早衰、延长丰产年限等有良好效果。

留蓄秋梢，并不是年年留蓄秋梢不采，而是根据茶树叶层的具体情况灵活掌握。当茶树叶层厚度<10cm、叶面积指数<3时，应酌情留蓄秋梢不采或采收一半。一般而言，青壮年期实行2～3年留蓄一季秋梢不采，衰老期应注意每年留蓄秋梢。

生产实践也证明，留蓄秋梢增加了茶园载叶量和叶面积指数，并有降低新梢密度、增加新梢重量、防止早衰、延长高产稳产和机采年限等效果，有利于茶树的正常生长，达到增加产量、改善鲜叶质量等效应。

**3.机采茶树采摘适期。**春茶采摘期迟早对下轮新梢的萌发期及全年产量有一定的影响，随着春茶采摘期的推迟，夏梢的萌发期逐渐变晚，规律性很强。上轮茶开采期对下轮茶新梢密度的影响表现在开采期适中的下轮新梢密度较大，开采适中的对全年产量有利。过早开采，不但影响当季产量，减少收入，同时也不利于全年产量的提高；推迟开采，虽当季可以增产，但品质低、效益差，且影响下一轮茶的萌发，全年产量反而降低。所以掌握适合的开采期是获取高产、优质，创造最佳效益的关键技术。对采摘批次少的机采茶树，更应引起高度重视。

在湖南茶区，一芽二三叶及对夹叶在新梢总数中所占比例达80%时开采，是机采春茶的采摘适期，所占比例达60%时开采是机采夏茶的采摘适期。广东省制订的机采适期为：红茶、绿茶一芽二三叶和同等嫩度对夹叶比例，春茶40%～50%，间隔期16～18d；夏茶60%～80%，间隔期18～20d；秋茶60%左右，间隔期20d。

**4.机采技术和设备选型。**必须考虑"适用性、经济性、省力性（节省使用机械的力气）"为基本原则。使采茶机与茶树走向呈45°前进，则树冠的采摘面与采茶机的工作面能较好吻合。依据选型原则及工作效率等技术参数，制订平地与坡地茶园采茶和修剪机械配套方案（供参考）。

$$采茶（修剪）机台数 = \frac{茶园总面积（亩）\times 作业率/作业时限（d）}{机械工效（亩/台时）\times 日工作时长（h）}$$

式中，作业率为某种机械作业的面积占茶园总面积的百分率，作业时限为完成一轮采茶或修剪作业允许的最长天数，采茶作业时限用春茶洪峰期天数计算（群体种为主的茶场为7d），轻修剪作业时限用春茶前修剪计算，一般可计15d，日工作时长为每天6h。据此，算出面积为400亩茶场采茶、修剪机械配套方案（表3-7）。

表3-7　采茶、修剪机械配套方案（400亩茶园）

（王秀铿，1988）

| 作业项目 | 机械种类 | 配用台数 | |
|---|---|---|---|
| | | 平地茶园 | 坡地茶园 |
| 采摘 | 双人抬平形往复切割式采茶机 | 1 | |
| | 双人抬弧形往复切割式采茶机 | 5 | |
| | 单人背负式往复切割式采茶机 | | 22 |
| 轻修剪 | 双人抬平形修剪机 | 1 | |
| | 双人抬弧形修剪机 | 2 | 5 |
| | 单人手提式修剪机 | 2 | |
| 重修剪 | 轮式或抬式重修剪机 | 1 | 1 |

### （四）机采茶园管理

机械采茶的效益是十分明显的，但必须有相应的农艺技术和茶园基本建设工程与其配套。"剪""采""肥""水"是机采茶园优质高产栽培的四个主要环节。

1.机采树冠培养技术。在新实行机采的茶场，可能存在三种现象：一是没有形成平整规格的采摘面（机采茶树的采摘面，要求高度平整，树幅宽窄基本一致，且都在采茶机、修剪机的切割幅之内，每轮采摘、修剪不留边）；二是手采改机采的前期，茶树新梢平面分布不均匀，局部新梢过于稀疏，机采时容易留标；三是操作技术不熟练，土地不平整，采摘时轻重程度不一。这些现象都需要通过轻修剪来解决，机采茶树的轻修剪分为春茶前与春茶后，春茶前修剪主要是培养平整规格的采摘面，适当降低新梢密度；春茶后修剪主要是剪除边叶和所留的标，修复被采乱的树冠。前者必不可少，后者视情况而定，采摘质量高的可以不进行采后轻修剪。

茶树从第3次定型修剪后，用机采代替打顶养蓬，实质上是一种轻修剪，它的刺激性比手采强烈，虽采摘批次少，但创伤程度较大。在树冠尚未封行前，一般剪采成水平形，由于压低茶丛中心枝条，促进生长势向侧枝转移，因而树冠幅度增长较快，有利于采摘面的扩大和树冠早期形成。机采对幼龄或重修剪、台刈后的茶树树冠养成有良好的作用，能有效地使茶树高幅度逐年增长，并促进树体中层分枝结构密茂，骨干枝粗壮而又分布均匀，新梢密度上升较快，与打顶养蓬采摘法比较有较大的优越性，可在生产上大面积推广应用。采用"先平后弧"的剪采方式，先采用水平形剪采，压低树冠中心部位强枝，促进侧枝向行间扩展，待行间侧枝交叉衔接，再改用弧形剪。这样不仅采摘面大、光能利用高，并能有效地提高产量和品质。

弧形树冠高，幅度周年变化小，各部位叶层分布均匀，采摘面发芽整齐，新梢密度大，能有效增加采摘面积和产量，是成龄茶树机采的适宜树冠形状。

水平形树冠由于茶蓬中心枝修剪太深，树冠中央部位叶层薄，载叶量少，新梢密度小，产量低，不适于机采的成龄茶树。但其树幅增加快，在幼龄或更新茶树投产前期应用，以及作为小茶蓬茶树采养扩蓬的树冠形状，则有利于高产树冠的早期养成。

深修剪有提高机采茶园周期产量、品质和增值的作用，从树势方面看其更新效果能维持4～5年，从产量、产值方面看其效果可维持6年以上。重修剪处理后前两年减产较多，第3年恢复产量，第6年是产量、产值的高峰年，树势更新效果可维持7～8年，产值、产量效果可维持10年以上。在考虑优质的情况下，机采茶树的重修剪周期以10年为宜。

**2.机采适应性茶树品种。** 茶树品种能否适宜于机采，主要从两个方面考虑：一是株型，一般认为分枝直立、发芽整齐、生长一致、叶片夹角稍大的品种较能适合机采；二是耐采性，即连续多年机采后茶树能正常抽发新梢，大部分新梢能长到3叶以上，新梢密度阈限适度（约500个/尺$^2$）。机采茶树较为合适的分枝层数约为20层。全年采摘次数多、间隔期短是品种耐采性强的反映。

湖南省茶叶研究所机采试验结果表明，楮叶齐的全年采摘次数等各项指标略优于福鼎大白茶，且两者均明显优于湘波绿（表3-8）；对不同品种机采后分枝结

表3-8  3个品种耐采性比较
（王秀铿，1990）

| 序号 | 品　种 | 全年采摘次数 | 平均间隔期 (d) | 年最长间隔期 (d) | 极端最长间隔期 (d) |
|---|---|---|---|---|---|
| 1 | 楮叶齐 | 6.6 | 19.5 | 32.2 | 39 |
| 2 | 福鼎大白茶 | 6.2 | 20.6 | 33.4 | 39 |
| 3 | 湘波绿 | 3.8 | 29.2 | 61.4 | 106 |

构、"生产枝"数和新梢密度进行调查分析发现，这三项指标福鼎大白茶、槠叶齐两个品种的耐剪性和耐采性均较强，能够适于机采，机采后的产量也较高。湘波绿品种的耐剪性和耐采性都明显次于福鼎大白茶，不适于机采，机采后产量只有前两者的60%。

在品种的株型方面，还有一个影响机采鲜叶原料净度的因子，就是叶片的着生角度。夹角太大，机采鲜叶的破碎率太高；夹角太小，容易弃采老叶。但从栽培生理角度的观点，茶树的单个叶片应该投影面积小（体现在株型上就是叶片的夹角小），整株叶片紧密镶嵌，互不遮叠，这样便可以形成受光势态最佳的叶片群体结构，这与机采要求有一定的矛盾。

**3.机采茶园施肥。** 机采茶园采摘强度大，每批采叶量平均每亩为200kg，高的每亩可达500kg，全年一般采4～6批，而且对树体机械损失大。据研究，施肥水平相同时，三种采摘方式茶园的叶面积指数和载叶量为手采＞机采+手采≥机采，因此机采茶园施肥既要考虑平衡供给，又要考虑集中施肥。机采茶园施肥原则是重施有机肥，增施氮肥，配施磷、钾肥和微肥。

机采茶园施肥标准，可用上年鲜叶产量来确定。据湖南省茶叶研究所资料，按每100kg干茶带走4～5kg纯氮，并配施磷、钾肥，全年按1基3追的比例施用，再结合3年增施1次有机肥作基肥改良土壤，这样的施肥模式比较适合机采茶园。广东省制订的《大叶种茶园机械化采茶技术暂行规程》提出大叶种茶园机械化采茶施肥标准为：按每100kg干茶带走5～6kg纯氮，氮、磷、钾配合比例为4∶1∶1.5，每采2批茶叶施1次肥料，全年施肥4～5次。据中国农业科学院茶叶研究所的研究，同样机械采摘的茶园，每年增施基肥的2/3，生长期内增施氮肥1倍，年均增产15.44%，特别是秋茶增产较多，高达28.93%。

机械采茶对茶树生育有一定的影响，如连年机采可使茶树叶层变薄，载叶量、叶面积指数减少，留蓄新梢与新叶的损伤率较大，加速树势衰退，等等。但这些不利影响可通过掌握适宜的开采期、合理留蓄秋梢、适当提高施肥水平、推行合理的修剪制度等予以缓解。

第四章

良

机

茶叶产业是劳动密集型产业，茶园的垦殖、田间管理、鲜叶采摘等长期以手工作业为主，工价连续上涨，产业链多个环节利润微薄（表4-1），因此降低生产成本是产业重中之重。

表4-1　2011—2018年茶园收益成本比

| 年份 | 茶园雇工成本（元/亩） | 物质投入成本（元/亩） | 茶园生产投入成本（元/亩）（不含家庭用工折价） | 亩产值（元/亩） | 毛利润（元/亩） | 收益成本比 |
|---|---|---|---|---|---|---|
| 2011 | 751.46 | 502.56 | 1 254.02 | 3 015.82 | 1 761.80 | 2.40 |
| 2012 | 890.93 | 581.87 | 1 472.80 | 3 518.13 | 2 045.33 | 2.39 |
| 2013 | 963.90 | 638.89 | 1 602.79 | 3 801.42 | 2 198.63 | 2.37 |
| 2014 | 1 039.85 | 715.56 | 1 755.41 | 4 145.64 | 2 390.23 | 2.36 |
| 2015 | 1 120.83 | 751.34 | 1 872.17 | 4 099.63 | 2 227.46 | 2.19 |
| 2016 | 1 113.83 | 768.54 | 1 882.38 | 4 113.55 | 2 231.17 | 2.19 |
| 2017 | 1 163.92 | 796.29 | 1 960.21 | 4 052.25 | 2 092.04 | 2.07 |
| 2018 | 1 212.91 | 832.36 | 2 045.27 | 4 276.75 | 2 231.48 | 2.09 |

注：1.资料来源于国家茶叶产业技术体系产业经济研究室；2.收益成本比=亩产值/茶园生产投入成本（不含家庭用工折价）。

据国家茶叶产业技术体系的资料，茶产业链的茶园管理环节，全国茶区修剪机械化仅占68%，采摘机械化仅占13%，产业机械化程度非常低。筛选和推广茶园管理机械，提高茶园作业机械化程度，对提高产业效益和从业人员的积极性有着十分重要的意义。

茶园作业机械主要用于茶园垦殖、耕作、施肥、治虫、修剪和采茶等。

# 第一节
# 茶园耕作机械

新茶园开垦时的垦殖作业，包括深翻、开沟、碎土回土、覆土及起苗种植等；

茶园耕作包括深耕、中耕除草和开沟施肥等。幼龄茶园耕作，无论浅耕或深耕，都可以机耕。

## 一、浅耕机械

### （一）微耕机

微耕机多以小型柴油机或汽油机为动力，重量轻、体积小、结构简单，价格实惠，耕深5～10cm。但对土壤坚硬的茶园，效果不佳（图4-1）。适用范围：山区、丘陵、平地茶园。

### （二）中耕机

茶园翻耕管理机，主要技术参数为：标定功率2.9kW，耕作宽度30～50cm，耕作深度7～15cm，重量105kg，外形尺寸长×宽×高=115cm×60cm×105cm。体积小，操作灵便。但对土壤坚硬、板结严重的茶园，效果不佳（图4-2）。适用范围：山区、丘陵、平原茶园。

图 4-1　茶园微耕机

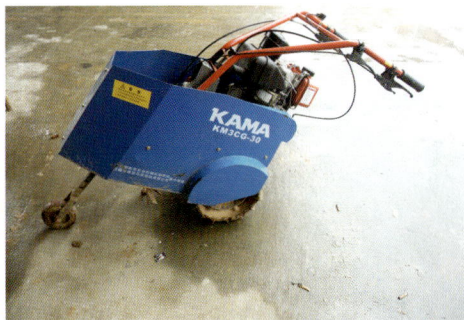

图 4-2　茶园中耕机

### （三）除草机

除草机多以小型柴油机或汽油机为动力，重量轻、体积小、机身稳定，除草效率高。除草机有两种类型：一种仅具除草功能，另一种兼具除草、浅耕功能。

1.除草机1。有两种打草头，一种为刀片，可用于切割茎秆较粗的绿肥或杂草；另一种为打草绳，可专用于打贴近地面或茶树树干旁茎秆较细的杂草（图4-3、图4-4）。适用范围：所有茶园。

A 打草头 1（细绳头）

B 打草头 2（带齿刀头）

图 4-3　除草机 1 打草头组合

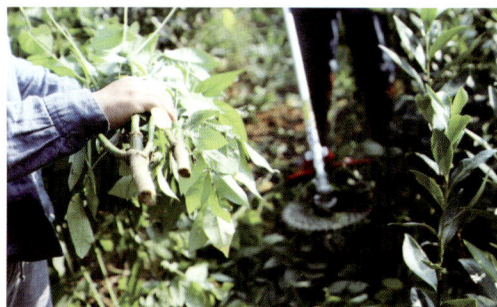

图 4-4　除草机 1（高秆绿肥割青效果）

2.除草机2。低地隙多功能管理机的联用，标定功率为2.5kW。配有除草轮、松土刀、开沟刀等刀头，可根据需要灵活切换，缺点是虽然有浅耕机头，但容易缠草，极大地影响了工作效率，仅适合行间无草的成龄茶园浅耕施肥作业（图4-5）。

A 除草机 2 刀头

B 除草机 2 浅耕机头（成龄茶园浅耕施肥）

图 4-5　除草机 2

## 二、深耕机械

### （一）履带式茶园耕作机

1.平地履带式茶园耕作机。多以小型柴油机或汽油机为动力，行走稳定，操作方便，耕深7～25cm，可配套旋耕、挖掘、植保等机具多功能使用，实现旋耕、颗粒施肥一体化操作。但该机械对茶园田间道路设施和坡度有要求，如地头需留有1～2m的回转地带等（图4-6）。适用范围：坡度≤15°的茶园。

2.山地履带式多功能茶园管理机。该机的主要技术参数为：长×宽×高=230cm×80cm×116cm，最大耕宽80cm，最大耕深100～150cm，重量700kg，行驶速度2.1～9.3km/h，配套动力11kW（图4-7）。适用范围：坡度10°～25°的茶园。

图4-6 平地履带式茶园耕作机

图4-7 山地履带式多功能茶园管理机

### （二）其他深耕机

1.茶园深耕机。以柴油机或汽油机为动力，行走稳定，操作方便。机身长×高×宽=130cm×56cm×81cm，重154kg，耕作方式为翻耕式，最大耕作深度30cm（图4-8）。

2.手扶深耕机（施肥机）。机体宽度较小，操作较灵活，较方便进入茶园，耕作深度20～25cm，但机型有点重，掉头须地势平坦（图4-9）。适用范围：山区、丘陵、平原茶园。

图 4-8　茶园深耕机

图 4-9　手扶深耕机（施肥机）

## 三、综合管理机械

### （一）高地隙自走式茶园多功能管理机

高地隙自走式茶园多功能管理机可配套旋耕、挖掘、植保等机具多功能使用，在旋耕机具上方设置了肥料箱，可实现旋耕、颗粒肥施肥一体化操作，行走稳定，操作方便，耕深7～30cm。但对坡度较大茶园操作受限，地头要留有1～2m的回转地带（图4-10）。适用范围：可在坡度≤15°的茶园内稳定作业。

图 4-10　高地隙自走式茶园多功能管理机

整机参数：行走速度为工作时5km/h、转场10km/h；外观尺寸长×宽×高=252cm×239cm×240cm，整机质量1 500kg，发动机功率34kW。

1.中耕除草。耕深10～30cm，耕宽20～60cm。

2.深松施肥。深松速度≥0.62hm²/h；施肥深度10～30cm，施肥速度≥0.62hm²/h；肥料类型为颗粒状有机肥和复合肥。

**3. 植保。**药液箱体积200L，喷施速度为0.99hm²/h，作业速度≥0.46hm²/h。

**4. 吸虫。**风机功率7.5kW，工作速度≥0.4hm²/h，风量5 712～10 562m³/h。

## （二）茶园水肥（药）一体机

茶园水肥（药）一体机是通过低压管道系统，将水与肥料（农药）一起，喷施到茶树冠面或滴入根区土壤中，向茶树精准供应水分与养分，有节水、减肥、减药的效果（图4-11）。

图 4-11 茶园水肥药一体化（施肥灌溉）

茶园水肥（药）一体机主要由水源、首部枢纽、管道系统和喷（滴）头等组成。首部枢纽由水泵、动力机、化肥罐、过滤器、闸阀等组成。

**1. 水源。**茶园水肥（药）一体机喷灌用水要求清洁干净，应达到国家农业行业标准《无公害食品 茶叶生产技术规程》中关于茶园灌溉用水的要求。

**2. 水泵。**茶园水肥（药）一体机喷灌时要求水流具有一定的压力，压力一般要求扬程达到10～20m，一般情况下需要使用水泵进行加压，茶园喷灌常使用离心泵进行加压。

**3. 动力机。**带动喷灌系统水泵的动力有电动机、柴油机、汽油机等，目前生产上使用较多的是电动机。动力机的功率大小要根据水泵的配套需求进行确定。

**4. 过滤器。**过滤器是首部枢纽中最为关键的设备，选择什么过滤器及其组合主要由水质和流量决定。常用的过滤器有离心过滤器、砂石过滤器、叠片式过滤器、网式过滤器、自动反冲洗过滤器等。

（1）**离心过滤器。**离心过滤器又称旋水砂分离过滤器，主要由进水口、出水口、旋涡室、分离室、储污室和排污口等组成。优点是内部没有滤网，也没有可拆卸的部件，保养维护很方便，工作时可以连续自动排沙。缺点是当水泵启动和停机片刻，过滤效果下降，杂质会进入下游系统。

（2）**砂石过滤器**。砂石过滤器又称砂介质过滤器，主要由进水口、出水口、过滤器壳体、过滤介质砂砾（石英砂、花岗岩砂或玄武岩砂）和排污孔等组成。砂石过滤器常作为一级过滤，优点是具有较强的拦截污物能力，经常用作水源的高精过滤。缺点是需要较高的管理水平，因在反冲洗时如操作不当，会使过滤砂冲失；在长期使用后，砂石介质易受损。

（3）**叠片式过滤器**。利用数量众多的带有凹槽的塑料环形盘锁紧叠在一起形成圆柱形滤芯，当水流流经这些叠片时，利用片壁和凹槽来聚集及截取杂物。片槽的复合内截面提供了类似于在砂石过滤器中产生的三维过滤。优点是过滤效率很高，冲洗方便。小型的叠片过滤器使用在田间首部。

（4）**网式过滤器**。网式过滤器是水肥（药）一体化喷灌系统中应用最为广泛的一种简单而有效的过滤设备，主要由筛网、壳体、顶盖等部分组成。当水流穿过筛网时，大于筛网目数的杂质将被截留下来，达到物理净化的效果。网式过滤器一般用于过滤灌溉水中的粉粒、砂和水垢等污物，用作末级过滤装置。优点是体积小、结构简单，安装方便，价格低廉，处理水体中无机杂质最为有效。缺点是当有机物含量稍高时，大量的有机污物会挤过滤网而进入下游管道造成灌水器的堵塞。

（5）**自动反冲洗过滤器**。自动反冲洗过滤器是一种利用滤网直接拦截水中杂质，去除水体悬浮物、颗粒物，降低浊度，净化水质，减少系统污垢、菌藻、锈蚀等，以净化水质保护系统其他设备正常工作的精密设备。水由进水口进入自清洗过滤器机体，系统可自动识别杂质沉积程度，给排污阀信号自动排污。

**5. 管道系统**。将经过水泵加压的灌溉水肥（药）送到茶园中，要求能够承受一定的压力，通过一定的水流量。管道系统一般有主管和支管两级，为了使喷头安装高度在茶树蓬面以上一定距离，常在支管上装竖管，在竖管上再装喷头。生产中固定式管道以聚乙烯管和聚丙烯管使用最为普遍。

**6. 喷（滴）头**。喷头：是喷灌机与喷灌系统的主要组成部位，按工作压力及控制范围大小不同分为低压喷头、中压喷头和高压喷头，生产中主要使用中压喷头。按结构形式与水流形状不同，可分为旋转式、固定式和孔管式三种，茶园中多使用旋转式喷头。滴头：是灌溉系统的心脏部分，其作用是将由支管流进滴头的灌溉水经过微小孔道，形成能量损失、压力减少后，以稳定均匀的小流量、以点滴的方式滴入茶园根部土壤中。滴头通常放在土壤表面，亦可浅埋保护。滴头的种类较多，常用的有常流道式（微管式、管式）滴头、涡流式滴头、压力补充式滴头和孔口式滴头等。

**7. 肥料（农药）。**

（1）肥料可选液态或固态肥料。例如，氨水、尿素、硫铵、硝铵、磷酸一铵、磷酸二铵、氯化钾、硫酸钾、硝酸钾、硝酸钙、硫酸镁等肥料；固态以粉状或小块状为首选，要求水溶性强，含杂质少，一般不使用颗粒状复合肥（包括中外产品）；如果用沼液或腐殖酸液肥，必须过滤，以免堵塞管道。施用液态肥料时不需要搅动或混合，一般固态肥料需要与水混合搅拌成液肥，必要时分离，避免出现沉淀等问题。农药根据需要防控的病虫害对症选用。

（2）施肥（药）量。施肥时要掌握剂量，注入肥液的适宜浓度约为灌溉流量的0.1%。例如，灌溉流量每亩为50m³，注入肥液每亩约为50L；过量施用可能会使茶树死亡及环境污染。施药时根据病虫害防控技术对症选用相应的药物剂量。

灌溉施肥（药）分三个阶段：第一阶段，选用不含肥的水湿润喷灌系统和土壤；第二阶段，施用肥（药）溶液灌溉；第三阶段，用不含肥（药）的水清洗灌溉系统。

**（三）小型背负式吸虫机**

小型背负式吸虫机的技术参数：机重10.5～11.0kg，吸风宽度30～120cm，配套动力1.5kW汽油机，连续运转时间8h，吸虫效率70%～80%（图4-12、图4-13）。

图4-12 小型背负式吸虫机田间操作

图4-13 小型背负式吸虫机

# 第二节
# 树体管理机械

## 一、茶园修剪机械

### （一）单人修剪机

单人修剪机有单刃修剪机和双刃修剪机两种，机器轻巧，灵活机动，既可用于茶树轻修剪和深修剪，还能用于茶行的修边作业。刀片切割能力强，可切断直径小于10mm的中等成熟或老化枝条，切口平整。虽然进口机械使用较多，但是维护费用较高（图4-14）。适用范围：所有茶园。

图 4-14　单人修剪机

### （二）双人修剪机

双人修剪机有平型修剪机和弧型修剪机两种。按修剪的茶树枝条粗细不同，有轻修剪机和深修剪机两种，刀片形状分平形和弧形两种。轻修剪机和深修剪机的机械结构基本相同，由于轻修剪机的修剪部位较高，剪切的茶树枝条较细，故刀齿较细长（图4-15）。适用范围：所有茶园。

图 4-15　双人修剪机

### （三）重修剪机和台刈机

**1.重修剪机。** 生产上大面积重修剪一般使用轮式重修剪机，由两个人在相邻两个茶行内拉行作业。由于切割的枝条较粗，所配的汽油机功率较大，一般为1.25～2.00kW，所使用的刀片也较厚，刀齿也较宽和较高，刀齿高度为4cm，齿距为6cm，刀片长度有80cm和120cm两种。轮式重修剪机机体较重，操作起来也比较笨重，生产上小面积茶园重修剪作业时，一般用深修剪机代替，换上较厚的刀片即可。

**2.台刈机。** 由于茶树台刈所需切割的枝条一般老化严重、枝杆木质坚硬，若使用往复式修剪机修剪，一方面切断困难，另一方面容易造成枝杆切口开裂，影响台刈后新芽的萌发和生长，所以茶树台刈改造一般使用圆盘锯式台刈机，汽油机功率一般为0.8kW。生产上小面积台刈改造，也可以用电锯或油动链锯替代（图4-16）。

图4-16 台刈设备（油动链锯）

### （四）修边机

**1.单面修边机。** 同茶园单人修剪机。

**2.双面修剪机。** 双面修剪机可同时对两行茶园进行手扶式修边操作，省力，效率较高，枝条撕裂率较低，但要求茶园比较平坦，价格较高（图4-17）。适用范围：平坡茶园。

图4-17 双面修边机

## 二、鲜叶采摘与分级设备

### （一）鲜叶采摘机械

按配套动力形式不同分类，近年来生产中使用较多的是机动采茶机械和电动采茶机械；按操作方式不同分类，有单人手提式、双人抬式、半自走式、自走式和乘坐式等形式；按切割方式不同分类，有往复切割式、螺旋滚刀式和水平勾刀式，其中往复切割式应用最普遍；按切割器性状不同分类，即为按刀片性状不同进行分类，有平形的和弧形的两种，平形刀片多应用于幼龄茶园、密植茶园、大叶种茶区的修剪和鲜叶采摘，弧形刀片多用于中、小叶种成龄茶园的修剪与鲜叶采摘。

**1.乘坐式采茶机。** 乘坐式采茶机省力、采摘效率高，但由于需跨行操作，要求地势平坦，并需要茶园蓬面修剪较整齐，茶园两头须预留1～2米的掉头空地，且价格稍贵（图4-18）。

**2.单人电动采茶机。** 单人电动采茶机机体小巧、操作灵便，适于丘陵及小块茶园应用，采摘鲜叶质量高，适用于大宗优质绿茶、红茶和黑茶等茶类的采摘。但工效较低，不适合大规模茶园的采摘（图4-19）。

图 4-18  乘坐式采茶机

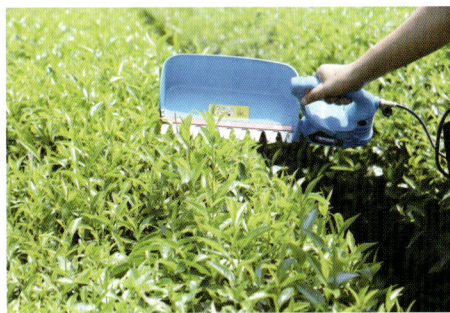

图 4-19  单人电动采茶机

**3.双人采茶机。** 双人采茶机分双人平型采茶机和双人弧形采茶机，操作简单，采摘效率高，适用于大规模的平地及缓坡茶园采摘。但由于机型较大，需2～3人配合采摘，不适合梯田边缘较窄的丘陵山地茶园的采摘（图4-20）。

图 4-20  双人采茶机

### （二）鲜叶分级机械

根据不同的鲜叶采摘要求，利用鲜叶分级机将茶叶进行分级作业。通过分级，选出不同等级的鲜叶分别进行加工。鲜叶分级机噪音小，运转平稳，使用方便，安全可靠；滚筒一般采用竹制，卫生环保；采用电磁调速电机，转速平稳、耐用。

**1.手采鲜叶分级机。**手采鲜叶分级机筒口直径进口20cm，出口直径60cm，筒体长240cm，分为两隔，前一隔分选一叶，网孔平均大小为1.0cm×1.5cm；后一隔分选二叶，二叶网孔平均大小为2.0cm×1.5cm。手采鲜叶分级机转速可通过安装的调速开关控制，电机功率1kW，三相电源，产量120kg/h（图4-21）。

**2.机采鲜叶分级机。**机采鲜叶分级机是在名优茶鲜叶分级机的基础上进行升级改进，筒体长度400cm，分为三隔，筒口直径三段分别为50cm、60cm、90cm，网孔平均大小分别为2.5cm×1.5cm、3.5cm×2.0cm、4.5cm×2.5cm，显著提高了分级效率，较好地将机采鲜叶进行分级，产量300kg/h（图4-22）。

图 4-21 手采鲜叶分级机

图 4-22 机采鲜叶分级机

# 第三节
# 其他机械（设备）

茶叶生产和管理各环节机械化有一定相关性，如分级后的鲜叶分开加工，一般加工优质绿茶、红茶和黑毛茶，不同鲜叶原料和生产茶类设备配置和加工技术参数不同（表4-2～表4-4）。

表4-2　优质绿茶机制技术参数及茶机配置

| 序号 | 工艺 | 日产500kg 干茶机具配置 | 技术参数 |
|------|------|------------------------|----------|
| 1 | 摊青 | 萎凋槽，摊青面积250m² | 时间5～6h，摊放厚度10～15cm，含水率达到70%，减重17%左右（相对鲜叶） |
| 2 | 杀青 | 80型滚筒杀青机（1台） | 投叶量200～250kg/h，滚筒外壁温度270～280℃，滚筒转速24r/min，杀青叶含水率60% |
| 3 | 清风 | 带风选的网带摊凉机 | 快速鼓风摊凉 |
| 4 | 摊凉 | 摊凉机或晒垫 | 摊凉时间30～60min |
| 5 | 初揉 | 55型揉捻机（3台） | 35～40kg/桶，时间20～30min，加压轻一中一重一松，转速50r/min |
| 6 | 解块 | 30型解块机（1台） | 均匀投料，揉捻没有产生团块时可不使用 |
| 7 | 初烘 | 翻板式烘干机（1台，16m²） | 温度120～130℃，厚度1cm，时间5～6min，水分含量50% |
| 8 | 摊凉 | 摊凉机或晒垫 | 摊凉时间20～30mim |
| 9 | 复揉 | 55型揉捻机（3台） | 30～35kg/桶，时间30～40min，加压轻一中一重一松，转速50r/min |
| 10 | 解块 | 设备与工序6共用 | 均匀投料，揉捻没有产生团块时可不使用 |
| 11 | 复烘 | 翻板式烘干机（1台，16m²） | 温度100～110℃，厚度1cm，时间10～15min，水分含量20%（生产全烘青绿茶时采用） |
| | 滚炒 | 瓶式炒干机（6台，110型） | 投叶量30～35kg/桶，滚筒外壁温度170～180℃，时间45～60min，水分含量20%（生产半烘半炒青绿茶时采用） |
| 12 | 摊凉 | 摊凉机或晒垫 | 摊凉时间30min |
| 13 | 足干 | 翻板式烘干机（1台，16m²） | 温度100℃，厚度2～3cm，时间20～30min，水分含量7%以内 |

表4-3　优质红茶机制技术参数及茶机配置

| 序号 | 工艺 | 日产500kg 干茶机具配置 | 技术参数 |
|------|------|------------------------|----------|
| 1 | 萎凋 | 萎凋槽、摊青机，摊青面积500m² | 温度25℃，鼓风，时间12～16h，摊放厚度10～12cm，鲜叶含水率60% |
| 2 | 揉捻 | 55型揉捻机（6台） | 投叶量35～40kg/桶，揉时90min，不加压（20min）一中压（20min）一松压（5min）一中压（20min）一重压（20min）一松压（5min），揉捻转速为50r/min |

（续）

| 序号 | 工艺 | 日产500kg 干茶机具配置 | 技术参数 |
|---|---|---|---|
| 3 | 解块 | 30型解块机（1台） | 均匀投料 |
| 4 | 发酵 | 发酵房或发酵机，面积50m² | 温度28～30℃，湿度95%，摊叶厚度8～10cm，时间3～5h |
| 5 | 初烘 | 翻板式烘干机（1台，16m²） | 温度130℃，摊叶厚度1cm，时间8～10min，水分含量40% |
| 6 | 摊凉 | 摊凉机、晒垫 | 摊凉时间30min |
| 7 | 滚炒 | 110型瓶式炒干机（4台） | 投叶量30～35kg/桶，滚筒外壁温度180～200℃，时间30～40min，水分含量25% |
| 8 | 足干 | 连续翻板式烘干机（1台，16m²） | 温度100℃，厚度2～3cm，时间40～60min，水分含量7%以内 |

表4-4 黑毛茶机制技术参数及茶机配置

| 序号 | 工艺 | 日产500kg 干茶机具配置 | 技术参数 |
|---|---|---|---|
| 1 | 杀青 | 80型滚筒杀青机（1台） | 鲜叶流量为300～400kg/h，滚筒外壁温度为300～320℃，滚筒转速为24r/min，杀青叶含水率达到65% |
| 2 | 初揉 | 55型揉捻机（6台） | 趁热揉捻，投叶量35～40kg/桶，揉时15min，轻压（5min）—中压（5min）—松压（5min），揉捻转速为50r/min |
| 3 | 渥堆 | 专用渥堆容器或渥堆房 | 揉捻后堆积，覆盖棉布，时间12～20h，中间翻堆一次，堆温保持在40℃左右 |
| 4 | 复揉 | 55型揉捻机（与初揉共用） | 投叶量25～30kg/桶，揉时10min，轻压（3min）—中压（4min）—松压（3min），揉捻转速为50r/min |
| 5 | 解块 | 30型解块机（1台） | 均匀投料 |
| 6 | 初干 | 连续翻板式烘干机（1台，20m²） | 温度150～160℃，厚度2～3cm，时间15～20min，水分含量35% |
| 7 | 回潮 | 晒垫 | 时间2h以上 |
| 8 | 足干 | 连续翻板式烘干机（1台，30m²） | 温度150～160℃，厚度2～3cm，时间20～30min，水分含量9%～12%（根据原料等级来定） |

# 附　录

## 附录1　非主要农作物品种登记指南　茶树

申请茶树品种登记，申请者向省级农业主管部门提出品种登记申请，填写《非主要农作物品种登记申请表　茶树》，提交相关申请文件；省级部门书面审查符合要求的，再通知申请者提交苗木样品。

### 一、申请文件

#### （一）品种登记申请表

填写登记申请表（附录A）的相关内容应当以品种选育情况说明、品种特性说明（包含品种适应性、品质分析、抗病性鉴定、转基因成分检测等结果），以及特异性、一致性、稳定性测试报告的结果为依据。

#### （二）品种选育情况说明

新选育的品种说明内容主要包括品种来源以及亲本血缘关系、选育方法、选育过程、特征特性描述，栽培技术要点等。单位选育的品种，选育单位在情况说明上盖章确认；个人选育的，选育人签字确认。

在生产上已大面积推广的地方品种或来源不明确的品种要标明，可不作品种选育说明。

#### （三）品种特性说明

1.品种适应性。正式投产后，根据不少于2个生产周期（试验点数量与布局应当能够代表拟种植的适宜区域）的试验，如实描述以下内容：品种的形态特征、生物学特性、产量、品质、抗病虫性、适宜种植区域（县级以上行政区）及季节，品种主要优点、缺陷、风险及防范措施等注意事项。

2.品质分析。根据品质分析的结果，如实描述以下内容：品种的茶多酚、氨基酸、咖啡碱、水浸出物含量等。

3.抗病虫性鉴定。对品种的对茶炭疽病、茶小绿叶蝉等重要病虫害，耐寒、旱性等抗性进行田间鉴定，并如实填写鉴定结果。

茶炭疽病抗性分4级：抗（R）、中抗（MR）、感（S）、高感（HS）。

茶小绿叶蝉抗性分4级：抗（R）、中抗（MR）、感（S）、高感（HS）。

**4.转基因成分检测。** 根据转基因成分检测结果，如实说明品种是否含有转基因成分。

#### （四）特异性、一致性、稳定性测试报告

依据《植物品种特异性、一致性和稳定性测试指南　茶树》（NY/T 2422）进行测试，主要内容包括：

新梢：一芽一叶始期、一芽二叶期第2叶颜色、一芽三叶长、芽茸毛、芽茸毛密度、叶柄基部花青甙显色；叶片：着生姿态、长度、宽度、形状、树形、树姿、分枝密度、枝条分支部位，花萼外部茸毛，子房茸毛，生长势，以及其他与特异性、一致性、稳定性相关的重要性状，形成测试报告。

品种标准图片：新梢、叶片、花果以及成株植株等的实物彩色照片。

#### （五）DNA检测

（三）（四）中涉及的有关性状有明确关联基因的，可以直接提交DNA检测结果。

#### （六）试验组织方式

（三）（四）（五）中涉及的相关试验，具备试验、鉴定、测试和检测条件与能力的单位（或个人）可自行组织进行，不具备条件和能力的可委托具备相应条件和能力的单位组织进行。报告由试验技术负责人签字确认，由出具报告的单位加盖公章。

#### （七）已授权品种的品种权人书面同意材料

### 二、苗木样品提交

书面审查符合要求的，申请者接到通知应及时提交苗木样品。对申请品种权且已受理的品种，不再提交样品。

#### （一）包装要求

苗木样品使用有足够强度的防水塑料袋包装；包装袋上标注作物种类、品种名称、申请者、育种者等信息。

#### （二）数量要求

每个品种为100株足龄Ⅱ级以上健壮扦插苗。

### （三）质量与真实性要求

送交的苗木样品，必须是遗传性状稳定、与登记品种性状完全一致、未经过药物处理、无检疫性有害生物、质量符合《茶树种苗》（GB 11767）Ⅱ级以上健壮扦插苗。

在提交苗木样品时，申请者必须附签字盖章的苗木样品清单（附录B）， 并对提交的样品真实性承诺。申请者必须对其提供样品的真实性负责，一旦查实提交不真实样品的，须承担因提供虚假样品所产生的一切法律责任。

### （四）提交地点

苗木样品提交到中国农业科学院茶叶研究所国家种质杭州茶树圃（邮编：310008，地址：杭州市西湖区梅灵南路9号，电话：0571-86652835、86650417，邮箱：tgbtri@163.com）。

国家种质杭州茶树圃收到苗木样品后，应当在20个工作日内确定样品是否符合要求，并为申请者提供回执单。

附录A

## 非主要农作物品种登记申请表 茶树

品种名称：_____　　品种来源：_____

申　请　者：_____

邮政编码：_____　　地　　址：_____

联　系　人：_____　　手机号码：_____

固定电话：_____　　传真号码：_____

电子邮箱：_____

育　种　者：_____

邮政编码：_____　　地　　址：_____

联　系　人：_____　　手机号码：_____

固定电话：_____　　传真号码：_____

电子邮箱：_____

申请日期：_____

备　　注：_____

　　注："品种来源"一栏填写品种亲本（或组合），在生产上已大面积推广的地方品种或来源不明确的品种要标明。

农业部种子管理局　制

选育方式：□自主选育/□合作选育/□境外引进/□其他

| 一、育种过程（包括亲本名称、选育方法、选育过程等） | | | | | |
|---|---|---|---|---|---|
| **二、品种特性** | | | | | |
| 1.种类 | □茶（*Camellia sinensis*）　□阿萨姆茶（*C. sinensis* var. *assamica*）<br>□白毛茶（*C. sinensis* var. *pubilimba*）　□其他 | | | | |
| 2.产量（kg/亩） | | | | | |
| 第1生长周期 | | 比对照±% | | 对照名称 | 对照产量 |
| 第2生长周期 | | 比对照±% | | 对照名称 | 对照产量 |
| 3.品质 | | | | | |
| 适制茶类 | □绿茶　□红茶　□乌龙茶　□黑茶　□白茶　□黄茶　□其他＿＿＿＿＿ | | | | |
| 茶多酚（%） | | 氨基酸（%） | | 咖啡碱（%） | 水浸出物（%） |
| 感官审评描述 | | | | | |
| 4.抗病虫性 | | | | | |
| 5.抗寒（旱）性（描述） | | | | | |
| 6.转基因成分 | □不含有　□含有 | | | | |
| **三、适宜种植区域及季节** | | | | | |
| **四、特异性、一致性和稳定性主要测试性状** | | | | | |
| 生长势 | | 树形 | | 树姿 | |
| 分枝密度 | | 枝条分支部位 | | 新梢一芽一叶始期 | |
| 新梢一芽二叶期第二叶颜色 | | 新梢一芽三叶长 | | 新梢芽茸毛 | |
| 新梢芽茸毛密度 | | 新梢叶柄基部花青甙显色 | | 叶片着生姿态 | |
| 叶片长度 | | 叶片宽度 | | 叶片形状 | |
| 花萼外部茸毛 | | 子房茸毛 | | 百芽重 | |
| 其他性状 | | | | | |

（续）

| 五、栽培技术要点 |
| --- |
| |

| 六、注意事项（包括品种主要优点、缺陷、风险及防范措施等） |
| --- |
| |

| 七、申请者意见 |
| --- |
| 公 章<br>年 月 日 |

| 八、育种者意见 |
| --- |
| 公 章<br>年 月 日 |

| 九、真实性承诺 |
| --- |
| ＿＿(品种名称)＿＿ 为 ＿＿＿＿＿(选育单位或者个人)＿＿＿＿＿ 选育的 ＿＿＿(作物名称)＿＿＿ 品种，该品种不含有转基因成分。本单位（本人）知悉该品种登记申请材料内容，并保证填报的登记申请材料真实、准确，并承担由此产生的全部法律责任。<br><br>申请者（公章）：<br>年 月 日 |

注: 1.多项选择的，在相应□内画√; 2.申请者、育种者为两家及以上的，需同时盖章; 育种者不明的，可不填写育种者意见; 4.申请表统一用 A4 纸打印。

附录B

## 茶树苗木样品清单

| 序号 | 作物种类 | 品种名称 | 父本名称 | 母本名称 | 产地 | 生产年份 | 申请者 | 育种者 | 座机 | 手机 | 邮箱 |
|---|---|---|---|---|---|---|---|---|---|---|---|
|  |  |  |  |  |  |  |  |  |  |  |  |
|  |  |  |  |  |  |  |  |  |  |  |  |
|  |  |  |  |  |  |  |  |  |  |  |  |
|  |  |  |  |  |  |  |  |  |  |  |  |
|  |  |  |  |  |  |  |  |  |  |  |  |

本单位（本人）确认并保证上述提交样品的真实性和样品信息的准确性，并承担由此产生的全部法律责任。

申请者（公章）

年　月　日

# 附录2　产地检疫合格证

编号:

| 生产单位<br>（个人） | 名称 | | | |
|---|---|---|---|---|
| | 地址 | | | |
| | 联系人 | | 联系电话 | |
| 植物名称 | | | 产品用途 | |
| 品种名称 | | | 种植面积 | |
| 总 产 量 | | | | |
| 种植地点 | | | | |

产地检疫结果：

<br><br><br><br><br>

检疫员<br>（签字）：_____

植物检疫机构审定意见：

<br><br><br><br><br><br>

签发检疫机构<br>（植物检疫专用章）

注：本证有效期1年，请妥善保存，不得转让，需调运该植物或产品时，凭此证向植物检疫机构办理《植物检疫证书》；品种名称由生产单位（个人）提供并对其真实性负责，多个品种另附清单。

## 附录3　湖南省茶树种子、种苗签证

种子类别：　普通种 □　　　　进口种 □

苗木种类：　实生苗 □　　　　嫁接苗 □　　　　扦插苗 □

品种（系）：_____

质量指标：苗高_____cm；地径_____mm；

　　　　　侧根数量_____条；侧根长度_____cm。

数量：_____（株、条）　产地：_____

起苗（装运）日期：_____

良种审（认）定编号：_____

生产经营者名称：_____

工商注册地：_____

经营地点：_____

联系人：_____

联系电话：_____

生产经营许可证号：_____

植物检疫证书编号：_____

（粘贴或印制苗木信息
二维码或条形码）

××县（市）农林局 监制

# 附录4 茶肥1号种植技术

（湖南省农业科学院茶叶研究所）

1.**适时播种。**茶肥1号全年生育期为200～220d，种子在气温15℃发芽好，在湖南长沙茶区以4月中下旬播种为宜，播种太早，气温低，发芽迟，生长慢，倒春寒易使小苗受冻；播种过迟，到夏季高温季节植株还不够高，不能达到茶树遮阴防旱的目的，且茶肥1号生育期相对较长，播种太迟会影响其后期收种、晒种。茶肥1号以条播为主（由于用种量少可拌细砂播种，有利于播种均匀），先开浅沟，施用以磷肥为主的基肥，播种后盖一层薄土。

2.**种子处理。**茶肥1号种子外壳厚（种子厚度1.8mm、种子壳厚度为0.6mm），外层有致密的蜡质层包裹，在通常情况下种子很难吸水膨胀，造成种子发芽率低，发芽持续时间长。通过专用种子破壳机处理后，发芽率由大田条件下的20%提高到85%以上，种子发芽持续时间由7～28d 缩短至3～5d。茶园间种每亩用种量由2 500g降到500～750g，且种子发芽一致性好。

3.**施肥。**茶肥1号对磷肥反应敏感，施少量磷肥能获得较好的增产提质效果，因此施用以磷肥为主的基肥为佳。通过对不同时期的分期播种研究发现，茶肥1号在第8叶期处于蹲苗期，表现为生长速率放缓，出叶速率较第7叶期明显变缓，叶片泛黄，此后展叶速率、植株生长速率迅速增加，此时，每666.7m²适时追施尿素2～3kg，能有效促进生长。因此施足底肥、适时追肥，对促进茶肥1号生长、提高产量和品质有明显效果。

4.**苗期及时除草。**茶肥1号苗期因气温稍低，生长相对缓慢，且有一定时间的蹲苗期，易被杂草淹没。因此，苗期要适时除草，做到除早、除小、除了，以保证全苗、齐苗和壮苗。蹲苗期过后，茶肥1号生长快，对茶园杂草起到抑制作用。

5.**无碍化种植。**茶肥1号在幼龄茶园采用无碍化种植模式较好，即根据幼龄茶园特性，采用种一行（茶行）、空一行（茶行）的间种模式，其中所空的一行能为采茶、喷施农药或叶面肥等提供方便。无碍化种植技术，除隔行种植以外，还包括绿肥播种时间与茶园施春肥时间相协调（先施肥、后播种），结合施用春肥进行播种（4月中下旬），适时割青。在旱季来临、绿肥第一次割青时（7月中下旬）不与茶园争水、争光，割青后在茶园行间覆盖，减少土壤水分蒸发，保持茶园土壤含水量，割青最佳高度为离地20cm（留茬过低，影响其再生萌发和生长；留茬过高，影响产青量），分枝数目较多、树冠幅度较大，产青量高；第二次割青最佳高度为离第一次茬口10cm处，可获得较高的产青量；第三次割青结合茶园基肥施用对绿肥进行翻埋，实现割青与施肥有机结合。茶肥1号采用无碍化种植，适时割青，不仅解决了其与茶树的生长矛盾，又能获得较高的产量及明显的抗旱保墒效果。

# 主要参考文献

常硕其，张亚莲，李赛君，等，2008.优质绿茶生产的理论与实践Ⅱ优质绿茶品种[J].茶叶通讯（3）：16～20.

常硕其，张亚莲，李赛君，等，2009.优质绿茶生产的理论与实践Ⅴ优质绿茶栽培技术[J].茶叶通讯，36（2）：10～13.

成浩，曾建明，周健，等，2007.茶树种苗工厂化快速繁育技术[J].茶叶科学（3）：231～235.

段继华，雷雨，黄飞毅，等，2018.不同茶树品种秋、冬扦插效果比较[J].茶叶通讯，45（3）：44～47.

龚华春，2015.桃源大叶茶无性繁殖技术[J].中国农技推广，31（3）：38～39.

谷保静，常杰，曾建明，等，2006.设施繁育茶苗适宜光照强度研究[J].茶叶科学，26（1）：24～30.

黄怀生，郑红发，李赛君，等，2009.湖南三个茶树主栽良种名优绿茶加工工艺研究[J].茶叶通讯，36（4）：7～11.

黄怀生，郑红发，袁英芳，等，2008.优质绿茶生产的理论与实践Ⅲ茶树生物学与生物化学研究[J].茶叶通讯，35（4）：21～24,26.

黄仲先，1995.论我省名优茶生产的几项关键技术[J].茶叶通讯（3）：2～4,9.

黄仲先，黄怀生，周文，等，2006.湖南茶叶中儿茶素含量水平评价[J].湖南农业科学（5）：37～39.

黄仲先，朱树林，1990.机械采茶的效果与关键技术[J].中国茶叶（2）：2～4.

江昌俊，2011.茶树育种学[M].2版.北京：中国农业出版社.

蒋洵，李赛君，黄仲先，2010.桃源大叶茶树品种特殊性状及匹配技术研究[J].湖南农业大学学报（自然科学版），36（1）：91～94.

李传忠，2006.不同插穗扦插茶苗质量差异的研究[J].茶叶通讯（3）：19～20,25.

梁月荣，刘祖生，庄晚芳，1986.茶树扦插苗生长模式分析[J].中国茶叶，8（1）：10～12.

刘宝祥，1980.茶树的特性与栽培[M].上海：上海科学技术出版社.

骆耀平，2018.茶树栽培学[M].5版.北京：中国农业出版社.

石伟平，邓国文，郑桂莲，2013. 茶叶短穗扦插穴盘育苗技术 [J]. 农村经济与科技，24（2）：91～92,90.

童启庆，2007.茶树栽培学 [M].3版.北京：中国农业出版社.

王秀铿，黄仲先，朱树林，1984. 机采茶园施肥水平研究报告 [J]. 茶叶通讯，26（1）：11～18.

王秀铿，黄仲先，朱树林，1985. 机采茶树修剪形状的研究 [J]. 茶叶通讯，26（1）：9～13.

王秀铿，黄仲先，朱树林，1988.机械采摘茶园的农艺工程技术研究[J].农业工程学报（1）：55～64.

王雪萍，龚自明，高士伟，等，2014.不同基质对茶树穴盘扦插繁育的影响[J].浙江农业学报（2）：348～350.

吴宁静，彭云，阳灿，2015. 茶苗根腐病防治方法研究 [J]. 湖南农业科学（9）：27～29.

吴琼，王文杰，雷攀登，等，2012.茶树短穗扦插技术研究进展[J].茶业通报，34（4）：162～165.

吴淑平，吕立哲，郑杰，等，2014.茶树短穗扦插成活率的影响因素探析[J].河南农业科学（10）：34～37.

吴永华，苏锦兴，2012. 茶苗简易遮阴法短穗扦插繁育技术 [J]. 现代农业科技（11）：44.

谢文钢，黄福涛，李万林，等，2013.茶树短穗扦插育苗关键技术及经济效益分析[J].广东农业科学，40（13）：34～36.

徐文武，吕长其，2014.基层育种的实践和体会[J].茶叶，40（4）：223～224,226.

杨婷，黄水有，张谦，2014. 茶树快速育苗技术初探 [J]. 农业研究与应用（6）：38～41.

杨亚军，2004.中国茶树栽培学[M].上海：上海科学技术出版社.

杨亚军，梁月荣，2014.中国无性系茶树品种志[M].上海：上海科学技术出版社.

杨阳，2004.茶树短穗扦插育苗技术及经济效益分析[J].茶叶通讯（3）：10～13.

杨阳，赵洋，刘振，2008. 茶树短穗扦插不同品种与密度的效果比较 [J]. 茶叶通讯，35（4）：5～9.

余根梅，2012.茶苗短穗扦插技术[J].现代农业科技（10）：71,73.

张东，2008.茶苗地膜覆盖法扦插繁育技术[J].农村实用技术（10）：48.

张冬燕，荣骅，吴笛，等，2015.新茶园建设技术措施[J].蚕桑茶叶通讯（1）：34～35.

张珊珊，杨志新，刘炳光，等，2014.茶树良种短穗扦插育苗技术[J].中国园艺文摘（11）：221～222.

张亚莲，常硕其，傅海平，等，2009.茶树品种、土壤营养和扦插效果的关系[J].茶叶通讯，36（4）：3～6.

赵华富，罗显扬，周顺珍，等，2012.不同茶树品种（系）智能阳光温室大棚繁育试验[J].贵州农业科学，40（10）：76～78,80.

赵华富，周国兰，罗显扬，等，2012.智能温室大棚不同季节扦插茶树短穗效果分析[J].安徽农业科学，40（10）：5828～5830.

曾其国，冯媛媛，何瑜，等，2015."乌蒙早"的蓄留采穗与无性扩繁技术[J].安徽农业科学，43（4）：40～42,56.

郑红发，李赛君，黄怀生，等，2009.优质绿茶生产的理论与实践IV湖南绿茶品质特点和关键加工技术[J].茶叶通讯，36（1）：3～6,10.

郑生宏，柴红玲，李阳，2012.茶树修剪作用与修剪枝的再利用[J].茶叶科学技术（3）：34～36.

周富裕，鄢东海，陈正武，等，2011.贵州茶树良种短穗扦插繁育技术规程[J].贵州茶叶，39（1）：22～25.

周迎春，方洪生，周桂美，2014.立体生态茶园营建模式及效应分析[J].现代农业科技（15）：280～281.

图书在版编目（CIP）数据

茶树良种与栽培／李赛君主编．—北京 ：中国农
业出版社，2020.7
（湖南省现代农业产业（茶叶）技术体系丛书）
ISBN 978-7-109-26879-1

Ⅰ．①茶…　Ⅱ．①李…　Ⅲ．①茶树—良种②茶树—栽
培技术　Ⅳ．① S571.1

中国版本图书馆 CIP 数据核字（2020）第 089421 号

**茶树良种与栽培**

**CHASHU LIANGZHONG YU ZAIPEI**

中国农业出版社出版
地址：北京市朝阳区麦子店街 18 号楼
邮编：100125
责任编辑：陈　瑨
责任校对：刘丽香
印刷：中农印务有限公司
版次：2020 年 7 月第 1 版
印次：2020 年 7 月北京第 1 次印刷
发行：新华书店北京发行所
开本：720mm×1000mm　1/16
印张：11.25
字数：260 千字
定价：78.00 元